팬 하나로 완성하는 이탈리안 리소토 46

프라이팬 리소토

ART DIRECTION·DESIGN: YUKO FUKUMA
PHOTOGRAPHY: MIYUKI FUKUO
STYLING: YOKO IKEMIZU
COOKING ASSISTANT: FUMIE OZAKI, MINAMI HOSOI, MANAMI IKEDA
COVER: MIDORI NAKAYAMA
REVIEW: SORYUSHA
EDITING: AKIKO ADACHI

FRYING PAN RISOTTO

프라이팬 리소토

머리말

지난번, 프랑스를 다녀왔을 때 택시 운전사에게
"일본인은 쌀과 빵을 함께 먹지 않는다는 말이 진짜인가요?"라는 질문을 받았습니다.
웃으면서 "네, 맞아요!"라고 대답한 후 생각이 들었어요.
'그래, 쌀은 일본인에게는 좀 특별한 존재. 주식이지.'

유학 시절에도 주위에 맛있는 빵집이 많았지만
피곤하다고 느낄 때 집에 가서 먹은 것은 역시 쌀로 만든 음식이었어요.
작은 냄비에 흰쌀을 넣고 밥을 지었는데
물에 불리는 잠깐의 시간도 기다리지 못할 정도로 배가 고플 때는
프라이팬에 쌀과 냉장고에 남은 채소를 함께 볶아서 물을 넣고,
치즈나 햄이 있다면 넣어서 잠깐 보글보글 끓였지요.
맛있게 먹은 뒤 "아~ 배부르다!" 할 때의 기분 좋은 만족감이란!
이탈리아인이 들으면 펄쩍 뛸 일이겠지만, 당시의 저는 리소토의 핵심인
'알 덴테(al dente, 씹었을 때 약간 식감이 단단하게 느껴지는 쌀알의 심이 살아있는 상태)'를
중요하게 생각하지 않아서 이 '리소토 비슷한' 음식은 저에겐 기본 요리였답니다.

지금도 우리 집에서는 아무런 음식 준비도 되지 않았을 때
남편이 일찍 들어오면 리소토가 등장해요.
파스타는 파스타와 소스를 만들 두 개의 냄비가 필요하지만,
리소토는 프라이팬 하나만으로 가능한 것이 가장 큰 장점이지요.
채소를 듬뿍 넣으면 찻잔 한 잔의 흰쌀 양보다 적은 양으로도 포만감이 느껴지고,
밥을 짓는 것보다 빠르고, 먹음직스러운 모습으로 만들 수 있는 기특한 메뉴랍니다.

택시 운전사의 질문에서도 알 수 있듯이,
유럽에서 쌀은 채소의 한 종류예요.
그렇게 생각하면 더욱더 간단하고, 다양한 방법으로 즐길 수 있다고 생각했어요.
맛을 듬뿍 흡수하고, 어떤 재료와도 어울리며, 부담 없이 먹을 수 있죠.
쌀이 가지고 있는 다양한 매력을 잘 살린 요리인 리소토, 저와 함께 시작해 볼까요?

와카야마 요코

Contents
Frying pan Risotto

Chapter.3 Meat Risotto 고기 리소토

Chapter.4 Fish & Seafood Risotto 해산물 리소토

Chapter.5 Special Risotto 스페셜 리소토

리소토를 만들기 전에

알아두기

- 액상류 1컵은 200mL, 쌀 1컵은 180mL, 1큰술은 15mL, 1작은술은 5mL입니다.
- '한 꼬집'은 엄지, 검지, 중지의 세 손가락으로 가볍게 잡은 양을 말합니다.
- 올리브유는 '엑스트라 버진 올리브유', 소금은 '게랑드 소금', 후추는 굵은 후추를 사용했습니다.
- 오븐은 미리 설정 온도에 맞추어 예열해 둡니다. 굽는 시간은 열원이나 기종 등에 따라 다소 차이가 있으므로 레시피의 지시를 참고하면서 상태를 보면서 조절해 주세요.
- 가스 오븐을 사용할 경우는 레시피 온도를 10℃ 정도 낮춰 주세요.

육수

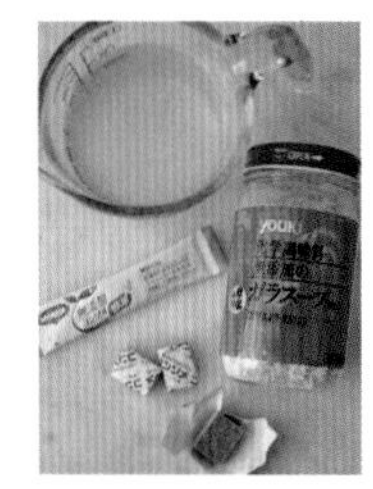

시판용 스톡 사용하기

육수를 손쉽게 만들고 싶다면 시중에서 판매하는 스톡을 사용합니다. 따뜻한 물 3컵에 고체스톡 1/2개를 넣거나 액상스톡(치킨) 1/2큰술을 녹여서 사용해 주세요. 채소(베지)스톡을 사용해도 좋아요. 농도를 연하게 만들어서 육수로 사용하는 것이 포인트입니다. 심플한 채소 리소토에는 고체스톡으로 감칠맛을 내고, 그 외에는 액상스톡(치킨)을 사용하는 것을 추천해요.

직접 만들기

육수를 직접 만들고 싶다면, 냄비에 물 1.5L와 닭 날개 5~6개, 향채소(셀러리 잎, 대파의 녹색 부분, 마늘, 파슬리 줄기, 양파와 당근 등 집에 있는 것으로)를 넣고 거품을 걷어내면서 1시간 정도 끓입니다. 소금 1작은술로 간을 조절해 주세요. 냉동 보관하면 약 3주 정도 보관 가능해요. 익은 닭 날개는 잘 발라서 먹어도 좋아요.

치즈와 소금

치즈는 각자의 취향에 맞추어 사용해 주세요. 일반적으로 쓰이는 파르메산 치즈는 덩어리 치즈 또는 블럭 치즈를 강판으로 직접 갈아서 사용해도 좋고 간편하게 치즈 가루로 대체해도 괜찮습니다. 이 외에 페코리노 치즈나 콘티 치즈 등도 추천해요. 또한, 소금은 되도록 찍어 먹었을 때 맛있는 것으로 사용해 주세요. 이 책에서는 '게랑드 소금'을 사용했습니다.

프라이팬

이 책에서는 지름 27cm, 깊이 20cm의 불소수지가공의 제품을 사용하고 있습니다. 조금 깊이가 있고, 바닥 지름은 너무 크지 않은 것을 추천해요. 프라이팬의 크기에 따라서 수분 증발 정도, 불 조절 정도가 다르기 때문에 상황을 보면서 불의 세기를 조절해 주세요.

리소토 토핑하기

비교적 심플한 요리인 리소토는 토핑에 따라 다채로운 맛으로 변신합니다.
치즈로 감칠맛을, 견과류로 식감을, 허브로 향을 더해 보세요.

다양한 치즈

집에 남아 있는 치즈가 있다면 꼭 넣어주세요. 하드 타입은 갈아서, 소프트 타입은 잘라서 올립니다.

재료 (2~3인분)

- **미몰레트 치즈**(간 것) … **2큰술**

이외에도 그뤼에르, 에멘탈 등의 하드 타입 치즈라면 갈아서, 카망베르나 모차렐라 등의 소프트 타입 치즈라면 잘라서 올린다. 피자용 치즈도 좋다.

스파이시 넛츠

매운 맛이 나는 견과류로 식감을 더하세요. 카레 가루나 커민, 갈릭 파우더도 좋아요.

재료 (만들기 쉬운 분량/4인분)

- **아몬드, 피너츠, 호두 등**(모두 잘게 자른 것) **합쳐서 … 50g**
- A | **달걀흰자 … 1/2큰술**
  | **카레 가루, 소금 … 1/2작은술씩**

A를 섞은 다음 견과류에 넣어 섞고, 170℃로 예열한 오븐에 10분간 굽는다. 또는 예열한 오븐 토스터에서 5분간 굽는다.

튀긴 양파와 허브

시중에 판매하는 튀긴 양파(프라이드 어니언)를 사용했어요. 특유의 구수한 향기와 감칠맛, 허브의 향을 더합니다.

재료 (2~3인분)

- **시판용 튀긴 양파 … 1큰술**
- **세르퓌유, 딜 등**(생·잘게 자른 것) … **적당량씩**

완성된 리소토에 튀긴 양파를 뿌리고, 허브를 올린다. 허브는 타임, 이탈리안 파슬리, 고수 등을 써도 좋다.

기본 리소토를 만들자!

알 덴테(쌀알이 살아있는 단단한 상태)에 충실한 식감으로 만드는 것이 포인트!
쌀은 끓일 때 뭉개지지 않도록 씻지 않고 볶아서 기름으로 코팅해 줍니다.
육수를 넣고서 섞지 않고 그대로 끓여 주세요.
뚜껑을 닫지 않고 중불에 15분 정도 끓이면 완성됩니다.
파, 마늘, 치즈의 향이 입안에 퍼지는 심플한 맛의 리소토예요.

재료 (2~3인분)

- 쌀 … 1컵(180mL)
- 다진 양파 … 1/4개
- 다진 마늘 … 1쪽
- 파르메산 치즈(간 것) … 30g
- 화이트와인 … 1/4컵
- 육수(고체스톡 1/2개 + 따뜻한 물) … 3컵
- 월계수 잎 … 1장(또는 파슬리 줄기 2~3개, 셀러리 잎 1~2장 정도)
- 소금 … 1/3작은술
- 올리브유 … 1큰술
- 후추 … 약간

1 쌀을 볶는다.

프라이팬에 올리브유를 두르고, 양파, 마늘을 넣고 나무 주걱으로 섞으면서 양파가 투명해질 때까지 중불에서 볶는다.

쌀을 씻지 않고 넣어서 쌀 표면에 기름이 둘러지도록 가볍게 볶은 다음, 소금을 넣어 섞는다.

2 화이트와인을 넣고 끓인다.

월계수 잎, 파슬리 줄기 등과 함께 화이트와인을 넣고 보글보글 끓인다.

* 물기가 없어지면 OK

3 육수를 넣어서 끓인다.

물기가 없어지면 육수 2컵을 넣어 한 번 섞어주고,

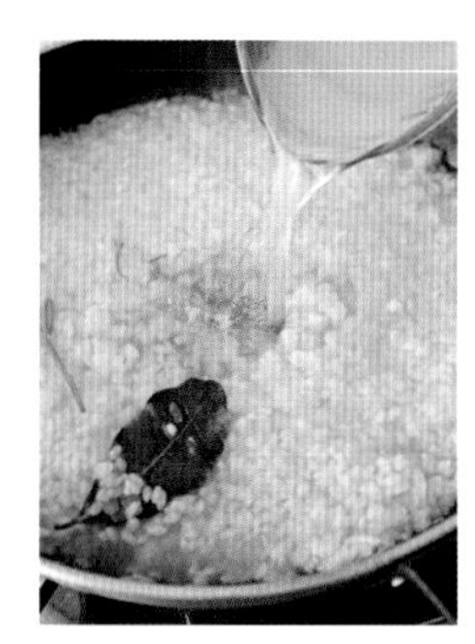

뚜껑을 연 채로 중불에서 10분 정도 섞지 않고 끓인다.

*섞을 경우 걸쭉해지므로 주의해 주세요.

다시 물기가 없어지면 남은 육수를 넣어 한 번만 섞어주고, 중불에서 5~10분 정도 섞지 않고 끓인다.

물기가 없어지고 쌀알 한 알 한 알이 보이면 완성.

*먹어봐서 쌀이 너무 딱딱한 식감이면 물 1/4컵을 넣어 한 번 섞은 뒤 더 끓입니다.

4 치즈를 섞는다.

치즈를 넣어 전체에 고루 섞어주고 맛을 보면서 소금(분량 외)으로 간을 맞춘다. 그릇에 담고 후추를 뿌린다.

*치즈 종류에 따라 짠맛의 정도가 다르므로 반드시 중간에 맛을 보면서 마지막에 소금으로 간을 맞추세요.

Frying pan Risotto

Chapter.1

Simple Risotto

간단 리소토

평소 식사는 물론, 살짝 출출할 때 간단히 만들어 먹을 수 있는 심플한 리소토 레시피 10가지를 소개합니다.
명란 버터, 까르보나라 등 인기 있는 파스타의 맛도 리소토로 맛볼 수 있고, 간편하게 프라이팬 하나로 만들 수 있어요. 끓는 동안 계속 저어줄 필요가 없어서 그사이에 샐러드 같은 곁들여 먹을 다른 요리도 만들 수 있답니다. 저는 담백한 맛을 좋아해서 버터와 오일은 조금 적게 넣었어요.
리소토 만들기 첫걸음으로 도전하기 좋은 〈간단 리소토〉, 꼭 한 번 만들어서 맛보세요.

1. 달걀과 치즈 리소토
Egg & cheese

심플한 리소토에 달걀의 감칠맛을 더했어요.
달걀을 마지막에 넣어서 남은 열로 익히는 것이 포인트.
이렇게 하면 걸쭉한 달걀의 풍미를 느낄 수 있어요.
마무리로 후추를 뿌려 찌릿하게 악센트를 주세요.
토핑으로 허브나 햄을 넣는 것도 추천합니다.

레시피 ▶▶▶ p.22

2. 레몬 버터 리소토
Lemon & butter

유제품과 감귤계 과일은 서로 잘 어울리는 조합이에요.
레몬을 짜서 즙은 쌀을 끓일 때 넣어주고,
껍질은 얇게 갈아서 불을 끄기 직전에 넣어주세요.
버터 향에 레몬의 상큼함이 퍼져 얼마든지 먹을 수 있는 맛이랍니다.

레시피 ▶▶▶ p.23

3. 명란과 레몬 리소토
Pollack roe & lemon

명란의 반은 볶아서 리소토를 만드는 데 쓰고
남은 것은 그대로 토핑해서 악센트를 줬어요.
레몬 향이 퍼지면서 이탈리아 스타일로 완성됩니다.
바질이나 이탈리안 파슬리를 뿌려도 맛있어요.

레시피 ▶▶▶ p.24

4. 두부와 두유 리소토

Tofu & soymilk

대파, 생강, 참기름을 넣어 중국식으로 완성한 이 리소토는
대만에서 아침 식사로 즐겨 먹는 두유수프를 떠올리게 해요.
자차이와 대파, 고수를 뿌려도 어울리지요.
두부는 자르지 말고 가볍게 으깨서 식감이 느껴지도록 해주세요.
치즈를 넣지 않았기 때문에 담백하고 소화도 잘된답니다.

레시피 ▶▶ p.25

5. 까르보나라 리소토
Carbonara

바삭하게 볶은 베이컨을 졸여서 맛을 내고,
소량은 덜어 토핑으로 사용했어요.
치즈의 감칠맛이 가득한 리소토에
양껏 뿌린 후추와 달걀노른자가 스르륵 섞여 먹음직스러워 보여요.

레시피 ▶▶▶ p.26

b. 중국식 부추 리소토
Chinese chive

부추와 향채소가 듬뿍 들어간 중국식 리소토.
은은하게 치킨 수프 향이 나는 부드러운 맛이에요.
부추를 작게 썰어서 넣으면 양껏 먹을 수 있고,
색감도 예쁘게 완성됩니다.
담백하기 때문에 흰쌀밥 대신에 먹어도 좋아요.

레시피 ▶▶ p.27

7. 옥수수와 후추 리소토
Corn & black pepper

생옥수수를 넣어 끓여 옥수수의 단맛과 향이 일품인 리소토.
버터를 많이 넣고 후추로 마무리하는 것이 맛의 비결이에요.
남은 양은 동그랗게 만들어 밀가루, 달걀 순으로 묻히고
빵가루를 뿌려서 라이스 고로케를 만들어 먹는 것도 추천해요.

레시피 ▶▶▶ p.28

8. 베이컨, 대파, 납작보리 리소토

Bacon, green onion, rolled barley

납작보리의 깊은 맛과 생크림의 부드러움이 어우러진 마일드한 리소토.
약간 큼직하게 자른 베이컨과 대파의 맛이 제대로 스며들었어요.
톡톡 씹히는 납작보리의 식감도 이 리소토의 매력 중 하나랍니다.

레시피 ▶▶▶ p.29

1. 달걀과 치즈 리소토
Egg & cheese

재료 (2~3인분)

- 쌀 … 1컵(180mL)
- 다진 양파 … 1/4개
- 달걀 … 2개
- 파르메산 치즈(간 것) … 30g
- 화이트와인 … 1/4컵
- 육수(고체스톡 1/2개 + 따뜻한 물) … 3컵
- 소금 … 1/3작은술
- 올리브유 … 1큰술
- 후추 … 약간

만드는 방법

1. 프라이팬에 올리브유를 두르고, 양파를 넣어 양파가 투명해질 때까지 중불에서 볶는다. 쌀을 넣어서 쌀 표면에 기름이 둘러지도록 가볍게 볶은 다음, 소금을 넣어 섞는다.
2. 화이트와인을 넣어 끓인 다음, 물기가 없어지면 육수 2컵을 넣어 한 번만 섞어주고, 뚜껑을 연 채로 중불에서 10분 정도 끓인다. 다시 물기가 없어지면 남은 육수를 넣어 한 번만 섞어주고, 중불에서 5~10분 정도 더 끓인다.
3. 파르메산 치즈, 푼 달걀 순으로 넣어서 섞고, 소금(분량 외)으로 간을 맞춘다. 그릇에 담고 후추를 뿌린다.

Tip 허브나 햄을 넣어 만들어도 맛있어요.

2 레몬 버터 리소토
Lemon & butter

재료 (2~3인분)

- 쌀 … 1컵(180mL)
- 다진 마늘 … 1쪽
- 레몬즙 … 2작은술
- 레몬 껍질(왁스칠 하지 않은 것·간 것) … 1/2개분
- 파르메산 치즈(간 것) … 30g
- 육수(고체스톡 1/2개 + 따뜻한 물) … 3컵
- 소금 … 1/3작은술
- 버터 … 20g

만드는 방법

1. 프라이팬에 버터 1/2, 마늘을 넣고 중불에서 볶다가 향이 나면 쌀을 넣어서 쌀 표면에 기름이 둘러지도록 가볍게 볶은 다음, 소금을 넣어 섞는다.
2. 육수 2컵, 레몬즙을 넣어 한 번만 섞어주고, 뚜껑을 연 채로 중불에서 10분 정도 끓인다. 다시 물기가 없어지면 남은 육수를 넣어 한 번만 섞어주고, 중불에서 5~10분 정도 더 끓인다.
3. 파르메산 치즈, 레몬 껍질(조금 남긴다), 남은 버터를 넣어서 섞고, 소금(분량 외)으로 간을 맞춘다. 그릇에 담고 나머지 레몬 껍질을 뿌린다.

3. 명란과 레몬 리소토
Pollack roe & lemon

재료 (2~3인분)

- 쌀 … 1컵(180mL)
- 명란(껍질 벗긴 것) … 1복(2개·60g)
- 다진 마늘 … 1/2쪽
- 레몬즙 … 2작은술
- 레몬 껍질(왁스칠 하지 않은 것·간 것) … 1/2개분
- 화이트와인, 생크림 … 1/4컵씩
- 따뜻한 물 … 3컵
- 소금 … 1/4작은술
- 올리브유 … 1큰술
- 레몬 … 적당량

만드는 방법

1. 프라이팬에 올리브유를 두르고 명란 1/2, 마늘을 넣고 중불에서 볶다가 명란의 색이 바뀌면 쌀을 넣어서 가볍게 볶은 다음, 소금을 넣어 섞는다.
2. 화이트와인을 넣어 끓인 다음, 물기가 없어지면 따뜻한 물 2컵, 레몬즙을 넣어 한 번만 섞어주고, 뚜껑을 연 채로 중불에서 10분 정도 끓인다. 다시 물기가 없어지면 남은 물을 넣어 한 번만 섞어주고, 중불에서 5~10분 정도 더 끓인다.
3. 생크림을 넣어서 섞고, 소금(분량 외)으로 간을 맞춘다. 그릇에 담고 레몬 껍질, 남은 명란을 올리고 레몬을 곁들어 짜준다.

Tip 바질이나 이탈리안 파슬리를 뿌려도 맛있어요.

4. 두부와 두유 리소토
Tofu & soymilk

재료 (2~3인분)

- 쌀 … 1컵(180mL)
- 두부(찌개용, 부침용 모두 OK) … 2/3모(200g)
- 무첨가 두유 … 1/2컵
- 다진 파 … 4cm
- 다진 생강 … 1쪽
- 따뜻한 물 … 3컵
- 소금 … 1/2작은술
- 참기름 … 1큰술
- 벚꽃새우(건조) … 적당량

만드는 방법

1. 프라이팬에 참기름을 두르고 파, 생강을 넣고 중불에서 볶다가 향이 나면 쌀을 넣어서 가볍게 볶은 다음, 소금을 넣어 섞는다.
2. 따뜻한 물 2컵을 넣어 한 번만 섞어주고, 뚜껑을 연 채로 중불에서 10분 정도 끓인다. 물기가 없어지면 남은 물을 넣어 한 번만 섞어주고, 중불에서 5~10분 정도 더 끓인다.
3. 두부를 넣어 주걱으로 가볍게 으깬 다음 두유를 넣어 끓기 직전에 불을 끈다. 소금(분량 외)으로 간을 맞추고, 그릇에 담아서 벚꽃새우를 올린다.

Tip 자차이나 대파, 고수를 뿌려도 어울려요.

5. 까르보나라 리소토
Carbonara

재료 (2~3인분)

- 쌀 … 1컵(180mL)
- 베이컨(5mm 폭으로 썬 것) … 4장
- 달걀노른자 … 2~3개분
- 다진 마늘 … 1쪽
- 파르메산 치즈(간 것) … 30g
- 따뜻한 물 … 3컵
- 소금 … 1/3작은술
- 올리브유 … 1작은술
- 후추 … 적당량

만드는 방법

1. 프라이팬에 올리브유를 두르고 마늘을 넣고 중불에서 볶다가 향이 나면 베이컨을 넣고 노릇노릇해질 때까지 구운 다음, 1/3을 따로 덜어낸다. 쌀을 넣어서 가볍게 볶은 다음, 소금을 넣어 섞는다.
2. 따뜻한 물 2컵을 넣어 한 번만 섞어주고, 뚜껑을 연 채로 중불에서 10분 정도 끓인다. 물기가 없어지면 남은 물을 넣어 한 번만 섞어주고, 중불에서 5~10분 정도 더 끓인다.
3. 파르메산 치즈 2/3를 넣어서 섞고, 소금(분량 외)으로 간을 맞춘다. 그릇에 담고 달걀노른자, 남은 치즈를 올리고 덜어둔 베이컨과 후추를 뿌린다.

b. 중국식 부추 리소토
Chinese chive

재료 (2~3인분)

- 쌀 … 1컵(180mL)
- 부추(잘게 썬 것) … 1묶음
- 다진 마늘, 다진 생강 … 1쪽씩
- 술 … 2큰술
- 육수(액상스톡(치킨) 1/2큰술 + 따뜻한 물) … 3컵
- 소금 … 1/3작은술
- 참기름 … 1큰술
- 간장 … 1작은술
- 후추 … 약간

만드는 방법

1. 프라이팬에 참기름을 두르고 마늘, 생강을 넣고 중불에서 볶다가 향이 나면 쌀을 넣어서 가볍게 볶은 다음, 소금을 넣어 섞는다.
2. 술을 넣어 끓인 다음, 물기가 없어지면 부추, 육수 2컵을 넣어 한 번만 섞어주고, 뚜껑을 연 채로 중불에서 10분 정도 끓인다. 다시 물기가 없어지면 남은 육수를 넣어 한 번만 섞어주고, 중불에서 5~10분 정도 더 끓인다.
3. 간장, 후추를 넣어서 섞고, 소금(분량 외)으로 간을 맞춘다.

7. 옥수수와 후추 리소토
Corn & black pepper

재료 (3~4인분)

- 쌀 … 1컵(180mL)
- 옥수수(옥수수 알만 빼낸 것, ⓐ) … 2개(정미 300g)
- 다진 양파 … 1/4개
- 파르메산 치즈(간 것) … 30g
- 따뜻한 물 … 3컵
- 소금 … 1/2작은술
- 버터 … 20g
- 후추 … 적당량

만드는 방법

1. 프라이팬에 버터 1/2을 녹이고 양파를 넣고 중불에서 볶다가 양파가 투명해지면 쌀을 넣어서 가볍게 볶은 다음, 소금을 넣어 섞는다. 이어서 옥수수를 넣고 볶는다(ⓑ).
2. 따뜻한 물 2컵을 넣어 한 번만 섞어주고, 뚜껑을 연 채로 중불에서 10분 정도 끓인다. 물기가 없어지면 남은 물을 넣어 한 번만 섞어주고, 중불에서 5~10분 정도 더 끓인다.
3. 파르메산 치즈, 남은 버터를 넣어서 섞고, 소금(분량 외)으로 간을 맞춘다. 그릇에 담고 후추를 듬뿍 뿌린다.

Point

ⓐ 생옥수수를 반으로 잘라 도마 위에 세운 다음, 옥수수 심 쪽에 칼을 대고 알만 잘라냅니다. 잘라낸 알은 낱알로 떼어주세요.

ⓑ 옥수수 알과 쌀이 따로 뭉쳐지지 않게 나무주걱으로 골고루 섞으면서 가볍게 볶습니다.

8. 베이컨, 대파, 납작보리 리소토
Bacon, green onion, rolled barley

재료 (2~3인분)

- 쌀 … 2/3컵(120mL)
- 납작보리 … 5큰술(50g)
- 베이컨 … 3장
  * 1cm 길이로 자른다.
- 대파 … 1과 1/2개
  * 5cm 길이로 채 썬다.
- 화이트와인 … 1/4컵
- 생크림 … 4큰술
- 육수(고체스톡 1/2개 + 따뜻한 물) … 3컵
- 소금 … 1/3작은술
- 올리브유 … 1/2큰술
- 이탈리안 파슬리(있다면) … 적당량

Point

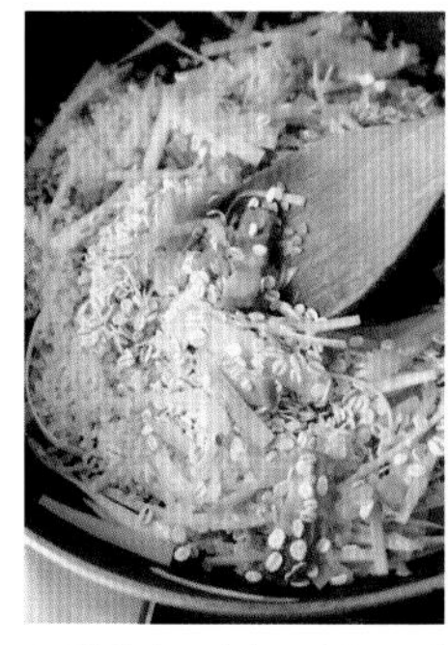

ⓐ 책에서는 쌀과 보리를 2:1의 비율로 넣었지만, 취향에 따라 양을 조정할 수 있습니다.

만드는 방법

1. 프라이팬에 올리브유를 두르고 베이컨, 대파를 넣고 중불에서 볶다가 대파가 부드러워지면 쌀, 납작보리를 넣어서 가볍게 볶은 다음, 소금을 넣어 섞는다(ⓐ).
2. 화이트와인을 넣어 끓인 다음, 물기가 없어지면 육수 2컵을 넣어 한 번만 섞어주고, 뚜껑을 연 채로 중불에서 10분 정도 끓인다. 다시 물기가 없어지면 남은 육수를 넣어 한 번만 섞어주고, 중불에서 5~10분 정도 더 끓인다.
3. 생크림을 넣어서 섞고, 소금, 후추(모두 분량 외)로 간을 맞춘다. 그릇에 담고 이탈리안 파슬리를 올린다.

납작보리 보리를 증기로 가열해서 누른 것으로 압맥이라고도 합니다. 거칠거칠한 식감을 즐길 수 있으며, 흰쌀과 함께 지으면 보리밥이 됩니다. 채소와 함께 끓여서 수프를 만들어도 맛있어요.

Side dish

두부튀김 그릴 샐러드

9. 실치와 파래 리소토
Shirasu & green laver

실치는 이탈리아 남부에서도 즐겨 먹는 식재료예요.
실치와 파래에는 감칠맛이 한껏 담겨있어 육수 없이도 리소토를 만들 수 있답니다.
언뜻 보면 밋밋해 보이지만 치즈가 들어있어 깊은 맛이 느껴져요.
기름을 충분히 사용해서 바삭하게 구운 두부튀김 그릴 샐러드와 아주 잘 어울려요.

9. 실치와 파래 리소토
Shirasu & green laver

재료 (2~3인분)

- 쌀 … 1컵(180mL)
- 실치 … 1/2컵(50g)
- 파래 … 3큰술(5~6g)
- 다진 마늘 … 1쪽
- 파르메산 치즈(간 것) … 30g
- 화이트와인 … 2큰술
- 생크림 … 4큰술
- 따뜻한 물 … 3컵
- 소금 … 1/3작은술
- 올리브유 … 1큰술

만드는 방법

1. 프라이팬에 올리브유를 두르고 마늘, 실치를 넣고 중불에서 볶다가 향이 나면 쌀을 넣어서 가볍게 볶은 다음, 소금을 넣어 섞는다.
2. 화이트와인을 넣어 끓인 다음, 물기가 없어지면 따뜻한 물 2컵을 넣어 한 번만 섞어주고, 뚜껑을 연 채로 중불에서 10분 정도 끓인다. 다시 물기가 없어지면 남은 물을 넣어 한 번만 섞어주고, 중불에서 5~10분 정도 더 끓인다.
3. 파르메산 치즈, 생크림, 파래를 넣어서 섞고, 소금(분량 외)으로 간을 맞춘다.

두부튀김 그릴 샐러드

마늘과 함께 바삭하게 굽고, 남플라를 섞은 단단한 맛.
채소를 듬뿍 넣고, 영귤을 꽉 짜 주세요.

재료 (2~3인분)

- 튀긴 두부 … 1모(250g)
  * 세로 반으로 썬 후, 1.5cm 폭으로 썬다.
- 경수채(먹기 쉽게 썬 것) … 1묶음
- 오이 … 1/2개
  * 세로 반으로 썬 후, 어슷썰기 한다.
- 양하(채 썬 것) … 1/2개
- 다진 마늘 … 1쪽
- A | 남플라 … 2작은술
  소금, 후추 … 약간씩
- 올리브유 … 1큰술
- 영귤(가로 반으로 자른 것) … 1개

만드는 방법

1. 프라이팬에 올리브유를 두르고 마늘을 넣고 중불에서 볶다가 향이 나면 튀긴 두부를 넣고 전체가 바삭해질 때까지 구운 다음, A를 넣어 가볍게 섞는다.
2. 그릇에 경수채, 오이, 양하를 담고, 튀긴 두부를 올린 다음 영귤을 짜서 곁들인다.

Side dish

돼지고기 소테와
사과 마리네

10. 양송이 리소토
Mushroom

농후한 맛을 가진 양송이에 치즈를 넣는 것만으로 풍부한 맛이 느껴집니다.
양송이 외에 다른 버섯을 추가하면 또 다른 풍미를 즐길 수 있어요.
돼지고기 소테에 상큼한 사과를 곁들인 마리네를 함께 먹으면 더욱 맛있어요.

10. 양송이 리소토
Mushroom

재료 (2~3인분)

- 쌀 … 1컵(180mL)
- 양송이(얇게 썬 것) … 1팩(100g)
- 잎새버섯(잘게 찢은 것) … 1팩(100g)
  * 새송이버섯으로 대체해도 좋다.
- 다진 마늘 … 1쪽
- 파르메산 치즈(간 것) … 30g
- 화이트와인 … 1/4컵
- 따뜻한 물 … 3컵
- 소금 … 1/3작은술
- 버터 … 20g
- 후추 … 약간

만드는 방법

1 프라이팬에 버터를 녹이고 마늘을 넣고 중불에서 볶다가 향이 나면 버섯을 넣어서 볶는다. 이어서 쌀을 넣어서 가볍게 볶은 다음, 소금을 넣어 섞는다.

2 화이트와인을 넣어 끓인 다음, 물기가 없어지면 따뜻한 물 2컵을 넣어 한 번만 섞어주고, 뚜껑을 연 채로 중불에서 10분 정도 끓인다. 다시 물기가 없어지면 남은 물을 넣어 한 번만 섞어주고, 중불에서 5~10분 정도 더 끓인다.

3 파르메산 치즈를 넣어서 섞고, 소금(분량 외)으로 간을 맞춘다. 그릇에 담고 후추를 뿌린다.

돼지고기 소테와 사과 마리네

Side dish

소금과 후추를 뿌려 구운 돼지고기에 채 썬 셀러리를 넣었어요.
사과는 생으로 먹을 때의 식감을 살려 먹기 직전에 버무립니다.

재료 (2~3인분)

- 돼지고기 등심 … 2장(300g)
  * 큼직하게 한입 크기로 자른다.
- 양파(채 썬 것) … 1/2개
- 셀러리(채 썬 것) … 1개
- 사과 … 1/2개
  * 껍질째 5mm 폭으로 썬다.
- A | 화이트와인 식초, 올리브유 … 1큰술씩
  꿀 … 1작은술
  간장 … 1/2작은술
- 올리브유 … 약간

만드는 방법

1 프라이팬에 올리브유를 두르고 달궈준 다음 소금과 후추를 약간씩(모두 분량 외) 뿌린 돼지고기를 올리고 강한 중불에 양면을 노릇하게 굽는다. 고기가 거의 익었을 때 양파, 셀러리를 넣어서 가볍게 볶는다.

2 볼에 A를 넣어 섞은 다음 1을 넣어 버무리고, 먹기 직전에 사과를 넣어 섞는다.

Frying pan Risotto

Chapter.2

Vegetable Risotto

채소 리소토

싱싱한 채소를 그대로 넣어서 끓이는 것으로 채소 본연의 풍미가 쌀에 제대로 스며든 리소토 레시피입니다.
색과 형태, 식감 등이 각기 다른 다양한 채소로 만들면, 더욱 풍부한 향과 깊은 맛을 느낄 수 있어요. 계절에 맞는 채소들을 사용해서 다채로운 맛을 즐겨 보세요.

1. 콜리플라워와 양송이 리소토
Cauliflower & mushroom

콜리플라워 특유의 맛을 살려 만든 리소토.

콜리플라워는 삶아 먹어도, 카레 또는 스튜에 넣어 먹어도 맛있어요.

버섯을 넣어 깊은 맛을 살리고,

파르메산 치즈를 섞고, 올리브유를 넣어서 마무리해주세요.

레시피 ▶▶▶ p.42

2. 단호박과 블루치즈 리소토

Pumpkin & blue cheese

단호박의 단맛과 블루치즈의 짭짤함으로 완성한 농후한 맛의 리소토.
마지막으로 뿌리는 꿀은 단호박의 단맛을 생각해서 적당히 조절해 주세요.
호두와 슬라이스 아몬드를 뿌리면 더욱 맛있고
스파이시 넛츠를 뿌려도 잘 어울려요.

레시피 ▶▶ p.42

3. 감자와 세이지 버터 리소토
Potato & sage butter

버터의 부드러움과 감자의 담백함을 모두 즐길 수 있는 리소토입니다.
세이지 버터의 향은 심플하면서도 전혀 질리지 않아서
남녀노소 누구나 부담 없이 가볍게 먹을 수 있답니다.
고기 요리에 곁들여 먹는 것을 추천해요.

레시피 ▶▶▶ p.43

4.

아스파라거스와 레몬 리소토
Green asparagus & lemon

푹 익은 봉우리 부분의 부드러운 식감과 줄기 끝부분의 아삭한 식감.
아스파라거스의 두 가지 식감을 맛볼 수 있는 리소토.
마스카르포네 치즈를 넣어 밀키한 맛을 살리고,
궁합이 잘 맞는 레몬 향도 곁들였어요.

레시피 ▶▶ p.44

5.

주키니와 바질 리소토
Zucchini & basil

주키니는 껍질을 벗길 필요도 없고, 금방 익어서
리소토를 만들 때 즐겨 사용하는 채소 중 하나입니다.
주키니의 양을 늘리고 쌀을 줄여서 건강식으로 만들어도 좋아요.

레시피 ▶▶ p.45

6. 밤 리소토
Chestnut

밤 특유의 단맛은 살리고, 간은 소금으로만 심플하게 해주세요.
밤을 작게 잘라 넣으면 밤의 향이 쌀에 스며들어 더욱 맛있어요.

레시피 ▶▶▶ p.45

7. 누에콩과 파르미자노 치즈 리소토
Broad bean & Parmigiano-Reggiano

누에콩을 삶은 물을 육수 대신 사용하면
특유의 감칠맛과 향을 살릴 수 있어요.
콩의 반은 다져서 쌀과 함께 섞어 볶고,
남은 것은 그대로 넣어서 모양과 식감을 즐겨주세요.
상쾌한 민트를 곁들여 프랑스 스타일로 만들었습니다.

레시피 ▶▶▶ p.46

8. 비트와 크림치즈 리소토
Beet & cream cheese

선명한 적자색의 비트가 식욕을 돋우어 줍니다.
건포도를 함께 넣어 단맛을 더 살리고,
치즈도 산미가 있는 크림치즈로 넣었어요.
비트를 잘게 썰어 넣고, 육수를 한 번에 넣어
속까지 빨리 익게 하는 것이 포인트.

레시피 ▶▶▶ p.47

1.

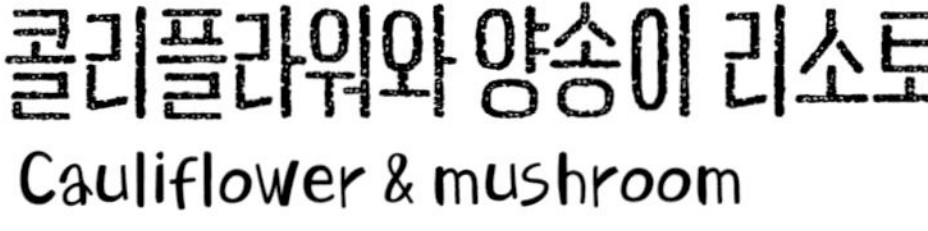

재료 (2~3인분)

- 쌀 … 1컵(180mL)
- 콜리플라워(작은 것) … 1개(정미 250g)
  * 적당히 잘게 찢는다.
- 양송이(얇게 썬 것) … 4개
- 파르메산 치즈(간 것) … 30g
- 따뜻한 물 … 3컵
- 소금 … 1/3작은술
- 올리브유 … 1큰술
- 후추 … 약간

만드는 방법

1. 프라이팬에 올리브유를 두르고 양송이를 넣고 중불에서 볶다가 쌀을 넣어서 가볍게 볶은 다음, 소금을 넣어 섞는다. 이어서 콜리플라워를 넣고 볶는다.
2. 따뜻한 물 2컵을 넣어(콜리플라워가 물 위로 보이면 조금 더 넣는다) 한 번만 섞어주고, 뚜껑을 연 채로 중불에서 10분 정도 끓인다. 물기가 없어지면 남은 물을 넣어 한 번만 섞어주고, 중불에서 5~10분 정도 더 끓인다.
3. 파르메산 치즈를 넣어서 섞고, 소금(분량 외)으로 간을 맞춘다. 그릇에 담고 올리브유(분량 외)와 후추를 뿌린다.

2. 단호박과 블루치즈 리소토

Pumpkin & blue cheese

재료 (2~3인분)

- 쌀 … 1컵(180mL)
- 단호박 … 1/4개(300g)
  * 껍질을 군데군데 벗겨서 1.5cm 폭의 한입 크기로 자른 것.
- 다진 양파 … 1/4개
- 블루치즈(잘게 찢은 것) … 100g
- 화이트와인 … 2큰술
- 생크림 … 4큰술
- 따뜻한 물 … 3컵
- 소금 … 1/3작은술
- 올리브유 … 1큰술
- 후추 … 조금
- 꿀 … 1/2큰술

만드는 방법

1. 프라이팬에 올리브유를 두르고 양파를 넣고 중불에서 볶다가 양파가 투명해지면 쌀을 넣어서 가볍게 볶은 다음, 소금을 넣어 섞는다.
2. 화이트와인을 넣어 끓인 다음, 물기가 없어지면 단호박, 따뜻한 물 2컵을 넣어(단호박이 물 위로 보이면 조금 더 넣는다) 한 번만 섞어주고, 뚜껑을 연 채로 중불에서 10분 정도 끓인다. 다시 물기가 없어지면 남은 물을 넣어 한 번만 섞어주고, 중불에서 5~10분 정도 더 끓인다.
3. 블루치즈, 생크림을 넣어서 섞고, 소금(분량 외)으로 간을 맞춘다. 그릇에 담고 꿀과 후추를 뿌린다.

Tip 호두나 슬라이스 아몬드, 스파이시 넛츠 등을 뿌려도 잘 어울려요.
단호박이 너무 딱딱할 경우 전자레인지에 살짝 가열한 후 잘라주세요.

3. 감자와 세이지 버터 리소토
Potato & sage butter

재료 (2~3인분)

- 쌀 … 1컵(180mL)
- 감자 2개(240g)
  * 1cm 폭으로 반달모양으로 자른다.
- 다진 양파 … 1/4개
- 다진 마늘 … 1쪽
- 세이지(생) … 2개
- 파르메산 치즈(간 것) … 30g
- 화이트와인 … 2큰술
- 생크림 … 4큰술
- 따뜻한 물 … 3컵
- 소금 … 1/3작은술
- 버터 … 20g

만드는 방법

1. 프라이팬에 버터를 녹이고 마늘, 양파를 넣고 중불에서 볶다가 양파가 투명해지면 쌀을 넣어서 가볍게 볶은 다음, 소금을 넣어 섞는다.
2. 화이트와인을 넣어 끓인 다음, 물기가 없어지면 감자, 세이지, 따뜻한 물 2컵을 넣어 한 번만 섞어주고, 뚜껑을 연 채로 중불에서 10분 정도 끓인다. 다시 물기가 없어지면 남은 물을 넣어 한 번만 섞어주고, 중불에서 5~10분 정도 더 끓인다.
3. 파르메산 치즈, 생크림을 넣어서 섞고, 소금(분량 외)으로 간을 맞춘다.

세이지 샐비어라고도 불리는 허브. 시원한 향으로 고기 비린내를 없애 주기 때문에 소시지나 가금류 요리에 사용됩니다. 버터와 함께 돼지고기를 볶거나, 세이지로 향을 낸 버터로 뇨키를 만들기도 해요.

4. 아스파라거스와 레몬 리소토
Green asparagus & lemon

재료 (2~3인분)

- 쌀 … 1컵(180mL)
- 그린 아스파라거스 … 8개
  * 아래쪽의 딱딱한 껍질을 벗기고, 봉우리 쪽이 1/4이 남도록 자른 후, 남은 줄기는 5mm 폭으로 자른다.
- 다진 양파 … 1/4개
- 마스카르포네 치즈 … 60g
- 화이트와인 … 1/4컵
- 육수(고체스톡 1/2개 + 따뜻한 물) … 3컵
- 소금 … 1/3작은술
- 올리브유 … 1큰술
- 레몬 껍질(왁스칠 하지 않은 것·간 것) … 약간

만드는 방법

1. 프라이팬에 올리브유를 두르고 양파를 넣고 중불에서 볶다가 양파가 투명해지면 쌀을 넣어서 가볍게 볶은 다음, 소금을 넣어 섞는다. 이어서 아스파라거스를 넣어 볶은 다음 봉우리 부분은 꺼내둔다.
2. 화이트와인을 넣어 끓인 다음, 물기가 없어지면 육수 2컵을 넣어 한 번만 섞어주고, 뚜껑을 연 채로 중불에서 10분 정도 끓인다. 다시 물기가 없어지면 남은 육수를 넣어 한 번만 섞어주고, 중불에서 5~10분 정도 더 끓인다.
3. 마스카르포네 치즈를 넣어서 섞고, 소금(분량 외)으로 간을 맞춘다. 그릇에 담고 꺼내둔 아스파라거스의 봉우리 부분을 올리고 레몬 껍질을 뿌린다.

마스카르포네 치즈 티라미수를 만들 때 사용하는 치즈로 우리에게 친숙하며, 유지방이 많아서 부드럽고, 은은하게 달고 진한 맛이 있어서 레몬 껍질을 곁들이면 맛있어요.

5. 주키니와 바질 리소트
Zucchini & basil

재료 (2~3인분)

- 쌀 … 1컵(180mL)
- 주키니(작은 것) … 2개
  * 7~8mm 폭으로 십자썰기 한다.
- 다진 양파 … 1/4개
- 다진 마늘 … 1쪽
- 바질 잎(찢은 것) … 6장
- 파르메산 치즈(간 것) … 30g
- 화이트와인 … 1/4컵
- 육수(고체스톡 1/2개 + 따뜻한 물) … 3컵
- 소금 … 1/3작은술
- 올리브유 … 1큰술

만드는 방법

1. 프라이팬에 올리브유를 두르고 마늘, 양파를 넣고 중불에서 볶다가 양파가 투명해지면 쌀을 넣어서 가볍게 볶은 다음, 소금을 넣어 섞는다. 이어서 주키니를 넣고 볶는다.
2. 화이트와인을 넣어 끓인 다음, 물기가 없어지면 육수 2컵을 넣어 한 번만 섞어주고, 뚜껑을 연 채로 중불에서 10분 정도 끓인다. 다시 물기가 없어지면 남은 육수를 넣어 한 번만 섞어주고, 중불에서 5~10분 정도 더 끓인다.
3. 파르메산 치즈를 넣어서 섞고, 소금(분량 외)으로 간을 맞춘 다음 불을 끄고 바질 잎을 넣어 섞는다. 그릇에 담고 바질 잎(분량 외)을 뿌린다.

6. 밤 리소토
Chestnut

재료 (2~3인분)

- 쌀 … 1컵(180mL)
- 밤 … 16개(정미 200g)
  * 세로 4등분으로 자른다.
- 파르메산 치즈(간 것) … 20g
- 화이트와인 … 1/4컵
- 따뜻한 물 … 4컵
- 소금 … 1/3작은술
- 버터 … 10g
- 올리브유 … 1큰술
- 후추 … 약간

만드는 방법

1. 프라이팬에 올리브유를 두르고 쌀을 넣어서 가볍게 볶은 다음, 소금을 넣어 섞는다.
2. 화이트와인을 넣어 끓인 다음, 물기가 없어지면 밤, 따뜻한 물 3컵을 넣어 한 번만 섞어주고, 뚜껑을 연 채로 중불에서 10분 정도 끓인다. 다시 물기가 없어지면 남은 물을 넣고 나무 주걱으로 밤을 조금씩 으깨면서 중불에서 5~10분 정도 더 끓인다.
3. 파르메산 치즈, 버터를 넣어서 섞고, 소금(분량 외)으로 간을 맞춘다. 그릇에 담고 파르메산 치즈(분량 외)와 후추를 뿌린다.

Point

밤은 뜨거운 물에 담가 껍질이 부드러워지면 껍질을 벗긴 후 물에 씻어서 사용해 주세요. 시중에서 판매하는 깐 밤이나 냉동된 것을 사용해도 괜찮아요.

7. 누에콩과 파르미자노 치즈 리소토
Broad bean & Parmigiano-Reggiano

재료 (2~3인분)

- 쌀 … 1컵(180mL)
- 누에콩 … 15개(속껍질이 붙은 것·150g)
- 다진 양파 … 1/4개
- 파르메산 치즈(간 것) … 30g
- 화이트와인 … 1/4컵
- 소금 … 1/3작은술
- 올리브유 … 1큰술
- 민트 잎(찢은 것) … 적당량

만드는 방법

1 누에콩의 깍지를 벗기고, 속껍질에 칼집을 낸 후 소금을 넣은 뜨거운 물(4컵 분량)에 30초간 삶는다. 속껍질을 벗긴 다음 1/2 정도를 굵게 다진다. 삶은 물은 보관해둔다(ⓐ).

2 프라이팬에 올리브유를 두르고 양파를 넣고 중불에서 볶다가 양파가 투명해지면 쌀을 넣어서 가볍게 볶은 다음, 소금을 넣어 섞는다.

3 화이트와인을 넣어 끓인 다음, 물기가 없어지면 누에콩, 삶은 물 2컵을 넣어 한 번만 섞어주고, 뚜껑을 연 채로 중불에서 10분 정도 끓인다. 다시 물기가 없어지면 남은 삶은 물을 넣어 한 번만 섞어주고, 중불에서 5~10분 정도 더 끓인다.

4 파르메산 치즈를 넣어서 섞고, 소금(분량 외)으로 간을 맞춘다. 그릇에 담고 민트를 뿌린다.

Point

ⓐ 30초간 삶은 누에콩은 열을 식힌 후 속껍질을 벗깁니다. 삶은 물은 육수 대신 사용하므로 보관해주세요. 콩깍지를 함께 넣고 삶으면 누에콩 특유의 향이 더 진하게 납니다.

8. 비트와 크림치즈 리소토
Beet & cream cheese

재료 (2~3인분)

- **쌀** … **1컵**(180mL)
- **비트**(작은 것) … **1개**(정미 100g)
  * 비트는 두꺼운 껍질을 벗기고 잘게 다진다.
- **다진 양파** … **1/4개**
- **크림치즈** … **80g**
- **파르메산 치즈**(간 것) … **10g**
- **건포도**(굵게 다진 것) … **2큰술**
- **화이트와인** … **1/4컵**
- **육수**(고체스톡 1/2개 + 따뜻한 물) … **3컵**
- **소금** … **1/3작은술**
- **올리브유** … **1큰술**

만드는 방법

1 프라이팬에 올리브유를 두르고 양파를 넣고 중불에서 볶다가 양파가 투명해지면 비트를 넣어서 가볍게 볶는다. 이어서 쌀을 넣어 볶은 다음, 소금을 넣어 섞는다(ⓐ).

2 화이트와인을 넣어 끓인 다음, 물기가 없어지면 건포도, 육수를 넣어 한 번만 섞어주고, 뚜껑을 연 채로 약한 중불에서 비트가 부드러워질 때까지 15~20분 정도 끓인다.

3 크림치즈 1/2, 파르메산 치즈를 넣어서 섞고, 소금(분량 외)으로 간을 맞춘다. 그릇에 담고 남은 크림치즈를 올린다.

비트 러시아의 국민 수프로 알려진 보르시에도 들어가는 선명한 적자색이 예쁜 채소입니다. 단맛과 신맛을 더해주면 맛있게 먹을 수 있어요.

Point

ⓐ 비트의 선명한 색상이 쌀에 배어들 수 있도록 잘 볶아주면 예쁜 적자색의 리소토로 완성됩니다.

Side dish

루콜라를 올린
프리타타

9. 토란과 블루치즈 리소토

Taro & blue cheese

토란의 끈적한 식감을 살린 새로운 스타일의 리소토.
육수는 넣지 않고, 블루치즈를 넣어서 심플하게 만들었어요.
상쾌한 타임을 얹어 향을 더해주세요.
사이드 디시로 만든 프리타타는 루콜라 대신 이탈리안 파슬리를 올려도 좋아요.

9. 토란과 블루치즈 리소토
Taro & blue cheese

재료 (2~3인분)

- 쌀 … 1컵(180mL)
- 토란 … 4개(정미 240g)
  * 1.5cm 크기로 깍둑썰기 한다.
- 다진 양파 … 1/4개
- 블루치즈(찢은 것) … 50g
- 화이트와인 … 1/4컵
- 따뜻한 물 … 3컵
- 소금 … 1/3작은술
- 올리브유 … 1큰술
- 타임(생) … 2개

만드는 방법

1. 프라이팬에 올리브유를 두르고 양파를 넣고 중불에서 볶다가 양파가 투명해지면 쌀을 넣어서 가볍게 볶은 다음, 소금을 넣어 섞는다. 이어서 토란을 넣고 섞어준다.
2. 화이트와인을 넣어 끓인 다음, 물기가 없어지면 따뜻한 물 2컵을 넣어 한 번만 섞어주고, 뚜껑을 연 채로 중불에서 10분 정도 끓인다. 다시 물기가 없어지면 남은 물을 넣어 한 번만 섞어주고, 중불에서 5~10분 정도 더 끓인다.
3. 블루치즈를 넣어서 섞고, 소금(분량 외)으로 간을 맞춘다. 그릇에 담고 타임을 올린다.

타임 향이 100리까지 간다고 하여 '백리향'이라고도 불리는 허브입니다. 상쾌한 향이 나서 고기나 생선 조림 요리 등에 주로 쓰입니다. 작은 잎이 귀엽고 튼튼하게 잘 자라는 편이니 화분에 키워보시는 걸 추천해요.

루콜라를 올린 프리타타

Side dish

치즈를 가득 넣어 깊은 맛이 느껴지는 오믈렛.
비네그레트 소스를 뿌린 채소를 올리면 깔끔한 맛으로 완성됩니다.

재료 (4인분)

- A | 달걀 … 5개
  파르메산 치즈(간 것) … 25g
  생크림 … 2와 1/2큰술
- 양파(채 썬 것) … 1개
- B | 소금 … 1/3작은술
  후추 … 약간
- 올리브유 … 2큰술
- 루콜라(찢은 것) … 2~3묶음
- 토마토(8등분) … 1개
- 비네그레트 소스
  화이트와인 식초, 올리브유 … 1작은술씩
  소금 … 한 꼬집
  후추 … 약간

미리 준비하기

- **A 만들기** 달걀, 파르메산 치즈, 생크림은 섞는다.
- **비네그레트 소스 만들기** 화이트와인 식초, 올리브유, 소금, 후추를 섞는다.

만드는 방법

1. 프라이팬(지름 20cm)에 올리브유를 두르고 달궈준 다음 양파를 넣고 중불에서 볶다가 양파가 부드러워지면 B를 뿌린다. 이어서 A를 넣어 크게 섞고, 뚜껑을 덮어 약한 중불에서 10분 정도 굽는다.
2. 비네그레트 소스에 루콜라, 토마토를 가볍게 무친다.
3. 1을 그릇에 담고 2를 올린 다음 후추(분량 외)를 뿌린다.

10.

시금치와 리코타 치즈 리소토

Spinach & ricotta cheese

시금치를 듬뿍 넣어 양껏 먹을 수 있는 리소토.
잣의 식감과 고소함이 악센트가 됩니다.
치즈는 담백하면서도 깊은 맛이 있는 리코타 치즈로 만들었어요.
없다면 모차렐라 치즈를 사용해도 좋아요.
사이드 디시로는 치킨 발사믹 소테 이외에도
돼지고기나 주키니, 아스파라거스 등으로 만든 음식이 잘 어울려요.

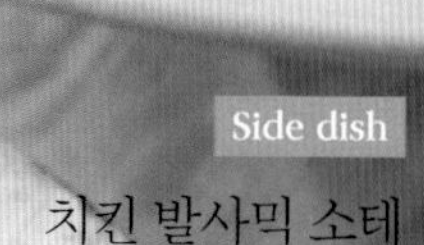
Side dish
치킨 발사믹 소테

10. 시금치와 리코타 치즈 리소토
Spinach & ricotta cheese

재료 (2~3인분)

- 쌀 … 2/3컵(120mL)
- 납작보리 … 5큰술(50g)
- 시금치 … 1묶음
  * 소금을 약간 넣은 뜨거운 물에 가볍게 데친 후 물기를 짜고 1cm 폭으로 썬다.
- 다진 양파 … 1/4개
- 다진 마늘 … 1쪽
- 리코타 치즈 … 150g
- 파르메산 치즈(간 것) … 10g
- 화이트와인 … 2큰술
- 생크림 … 4큰술
- 육수(액상스톡(치킨) 1/2큰술 + 따뜻한 물) … 3컵
- 소금 … 1/3작은술
- 올리브유 … 1큰술
- 잣(살짝 볶은 것) … 2큰술
- 육두구 … 약간

만드는 방법

1. 프라이팬에 올리브유를 두르고 마늘, 양파를 넣고 중불에서 볶다가 양파가 투명해지면 쌀, 납작보리를 넣어서 가볍게 볶은 다음, 소금을 넣어 섞는다. 이어서 시금치를 넣고 볶는다.
2. 화이트와인을 넣어 끓인 다음, 물기가 없어지면 육수 2컵을 넣어 한 번만 섞어주고, 뚜껑을 연 채로 중불에서 10분 정도 끓인다. 다시 물기가 없어지면 남은 육수를 넣어 한 번만 섞어주고, 중불에서 5~10분 정도 더 끓인다.
3. 생크림, 리코타 치즈의 2/3, 파르메산 치즈를 넣어서 섞고, 소금과 후추(모두 분량 외)로 간을 맞춘다. 그릇에 담고 남은 리코타 치즈를 올린 다음 잣과 육두구를 뿌린다.

리코타 치즈 깔끔한 맛이 매력적이며 저지방의 건강한 치즈로 누구나 먹기 좋습니다. 두부와 같은 부드러운 식감이라서 시금치와 잘 어울려요.

치킨 발사믹 소테

Side dish

살짝 구워서 발사믹 식초와 간장만으로 맛을 내면 끝.
연근의 아삭아삭한 식감도 즐겨 주세요.

재료 (2~3인분)

- 닭 허벅지살(큰 것) … 1개(300g)
- 연근(작은 것) … 1/2개(정미 60g)
  * 껍질을 벗기고 적당한 크기로 썬다.
- 발사믹 식초 … 1/2큰술
- 간장 … 1/2큰술
- 올리브유, 후추 … 약간씩

만드는 방법

1. 프라이팬에 올리브유를 두르고 달궈준 다음 소금과 후추를 약간씩(모두 분량 외) 뿌린 닭고기를 껍질 면부터 올려서 중불에 굽는다. 노릇하게 구워지면 팬 한쪽에 두고 연근을 넣어서 볶는다.
2. 닭고기를 뒤집어 뚜껑을 덮고, 연근과 함께 약불에서 5분 정도 구운 다음 발사믹 식초와 간장을 넣고 섞어준다. 닭고기를 먹기 좋은 크기로 잘라서 연근과 함께 그릇에 담고 후추를 뿌린다.

Side dish

두부와
아보카도 춘권

11.

렌틸콩과 코코넛 카레 리소토
Lentil & coconut curry

고기나 생선을 사용하지 않고 코코넛 밀크를 넣어 깊은 맛을 살린,
이국적인 카레 풍미의 리소토예요.
커민, 카레 가루 외에 좋아하는 향신료를 넣어도 좋아요.
반드시 중간중간 맛을 보면서 소금으로 간을 해 주세요.
물기를 뺀 두부와 아보카도로 만든 통통한 춘권을 곁들이면 금상첨화랍니다.

11. 렌틸콩과 코코넛 카레 리소토
Lentil & coconut curry

재료 (3~4인분)

- 쌀 … 1컵(180mL)
- A | 다진 마늘, 다진 생강 … 1쪽씩
  커민 시드 … 1작은술
- 다진 양파 … 1/4개
- 꽈리고추(씨를 빼고 다진 것) … 4개
- 방울토마토(세로 4등분으로 자른 것) … 8개
- B | 감자(1.5cm 크기로 깍둑썰기 한 것) … 1/2개(80g)
  당근(1cm 크기로 깍둑썰기 한 것) 작은 것 … 1개
- 렌틸콩(건조) … 2큰술(30g)
- 코코넛밀크 … 1캔(400mL)
- 카레 가루 … 2작은술
- 따뜻한 물 … 2컵
- 소금 … 2/3작은술
- 올리브유 … 1큰술
- 고수(큼직하게 썬 것) … 적당량

만드는 방법

1 프라이팬에 올리브유를 두르고 A를 넣고 중불에서 볶다가 향이 나면 양파를 넣어서 볶는다. 양파가 투명해지면 쌀을 넣어서 가볍게 볶은 다음, 소금을 넣어 섞는다.

2 꽈리고추, 방울토마토 순으로 넣어서 볶은 다음, B, 렌틸콩, 카레 가루, 따뜻한 물 2컵을 넣어 한 번만 섞어주고, 뚜껑을 연 채로 중불에서 10분 정도 끓인다. 물기가 없어지면 코코넛밀크를 넣어 한 번만 섞어주고, 약한 중불에서 5~10분 정도 더 끓인다.

3 소금(분량 외)으로 간을 맞춘다. 그릇에 담고 고수를 올린다.

렌틸콩 세계 5대 슈퍼푸드로 선정될 만큼 영양소가 풍부하며 물에 불릴 필요 없이 빨리 익는 것이 특징입니다. 레드(껍질을 완전히 벗긴)와 그린(껍질을 한 번 벗긴) 중 어느 쪽을 사용해도 좋아요.

두부와 아보카도 춘권

Side dish

두부의 물기를 확실히 없애고 말아서 튀기기만 하면 완성.
카레 가루를 넣어 은은한 풍미를 더했습니다. 껍질을 이중으로 만들면 더욱 바삭해져요.

재료 (3~4인분)

- 춘권 피 … 6장
- 부침용 두부 … 1/2개(150g)
- 아보카도 … 1/2개
  * 씨를 제거하고, 속을 스푼으로 긁어낸다.
- A | 다진 양파 … 1/8개
  다진 마늘 … 1/4쪽
  녹말 가루 … 1/2큰술
  카레 가루 … 1/2작은술
  소금 … 1/4작은술
  후추 … 약간
- 물에 푼 밀가루, 튀김 기름, 레몬 … 적당량씩

미리 준비하기

- 두부는 키친페이퍼로 싸서 누름돌 또는 무거운 것을 올려놓고 하룻밤 두어 물기를 제대로 뺀다.

만드는 방법

1 볼에 물기를 뺀 두부와 아보카도를 넣고 포크로 으깬 다음 A를 넣어 섞는다. 한쪽 모서리가 앞에 오도록 춘권 피를 펼쳐 그 위에 만든 속 재료를 올리고 나머지 3개의 모서리에는 물에 푼 밀가루를 바른 다음 돌돌 말아서 고정한 후 양 끝을 비튼다.

2 중간 온도(170℃)의 튀김 기름에서 바삭하게 튀기고, 그릇에 담아서 레몬을 곁들인다.

Frying pan Risotto

Chapter.3

Meat Risotto

고기 리소토

고기가 가진 묵직한 맛을 쌀과 채소가 머금고, 채소 우린 국물은 고기를 부드럽게 만들면서 서로가 시너지 효과를 내어 맛있는 리소토로 만들어집니다.
고기를 먼저 구워서 맛있는 향이 날 때 꺼내두었다가 와인과 함께 다시 넣어서 끓이는 것이 포인트. 뼈 있는 닭고기를 쓰면 따로 육수를 사용하지 않아도 돼요.

1. 소시지와 토마토 리소토
Sausage & tomato

소시지와 토마토가 들어간 오므라이스 스타일의 리소토.
아이들부터 어른들까지 남녀노소 모두에게 사랑받는 맛이에요.
소시지 본래의 짭짤함과 듬뿍 들어간 토마토 덕분에 육수 양은 줄여도 좋아요.
마지막에 모차렐라 치즈를 넣어서 마무리해주세요.

레시피 ▶▶▶ p.63

2. 닭고기와 순무 리소토
Chicken & turnip

걸쭉하게 끓인 닭 육수와 순무의 달착지근한 맛이 쌀에 배어든 리소토입니다.
순무는 너무 익어서 무너지는 일이 없도록 크게 잘라주세요.
로즈마리 향을 넣어 이탈리아식으로 만들었어요.
닭고기 외에 베이컨이나 바지락으로 만드는 것도 추천해요.

레시피 ▶▶ p.63

3. 닭고기와 당근, 커민 리소토
Chicken, carrot, cumin seed

당근과 커민은 제가 좋아하는 식재료 조합이에요.
닭고기와 당근을 듬뿍 넣고, 쌀은 적게 넣어 만들어도 좋아요.
영양학적으로도 균형 잡히고, 포만감도 얻을 수 있는 리소토랍니다.

레시피 ▶▶▶ p.64

4. 삼겹살과 무말랭이, 고수 리소토

Pork, dried radish, coriander

건채소의 풍미가 밥에 스며든 죽과 리소토의 중간쯤 되는 요리.
돼지고기는 삼겹살 외에 다른 부위를 써도 괜찮아요.
돼지고기와 궁합이 맞는 남플라를 곁들이면 이국적인 맛으로 완성되고,
레몬을 짜서 넣으면 산뜻하게 먹을 수 있어요.

레시피 ▶▶▶ p.65

5. 다진 소고기와 피망 카레 리소토
Beef mince & green pepper curry

다진 고기로 만든 필라프식 리소토.

고기는 먼저 볶아서 그 맛을 살려 주세요.

레시피 ▶▶▶ p.66

b. 햄과 양배추 리소토
Prosciutto & cabbage

생크림으로 끓인 양배추의 부드러운 단맛에
궁합이 잘 맞는 햄을 곁들여 밸런스를 맞춘 리소토.
생크림의 부드러움에 홀그레인 머스터드 소스로 톡 쏘는 맛을 더했어요.

레시피 ▶▶▶ p.66

7. 돼지고기와 고구마, 로즈마리 리소토

Pork, sweet potato, rosemary

달콤한 채소와 잘 맞는 돼지고기와 고구마의 앙상블.
따끈따끈하게 익은 고구마가 밥을 찰지게 만들어 주고
붉은 껍질과 노란 속살로 인해 더욱 먹음직스러워 보여요.
로즈마리 외에도 세이지나 타임, 오레가노 등
특유의 향이 있는 허브와도 잘 어울린답니다.

레시피 ▶▶▶ p.67

1. 소시지와 토마토 리소토
Sausage & tomato

재료 (2~3인분)

- 쌀 … 1컵(180mL)
- 소시지(1cm 폭으로 썬 것) … 8개
- 토마토(1.5cm 크기로 깍둑썰기 한 것) … 2개
- A | 다진 마늘 … 1쪽
  커민 시드 … 1작은술
  칠리 페퍼(또는 고춧가루) … 약간
- 모차렐라 치즈 1개(100g)
  * 1cm 크기로 깍둑썰기 한다.
- 화이트와인 … 1/4컵
- 육수(고체스톡 1/3개 + 따뜻한 물) … 2와 1/2컵
- 파슬리 줄기 … 2~3개
- 소금 … 1/3 작은술
- 올리브유 … 1큰술
- 이탈리아 파슬리, 후추 … 약간씩

만드는 방법

1 프라이팬에 올리브유를 두르고 A를 넣고 중불에서 볶다가 향이 나면 소시지를 넣어서 볶는다. 이어서 쌀을 넣어서 가볍게 볶은 다음, 소금을 넣어 섞는다.

2 화이트와인을 넣어 끓인 다음, 물기가 없어지면 토마토, 파슬리 줄기, 육수 1과 1/2컵을 넣어 한 번만 섞어주고, 뚜껑을 연 채로 중불에서 10분 정도 끓인다. 다시 물기가 없어지면 남은 육수를 넣어 한 번만 섞어주고, 중불에서 5~10분 정도 더 끓인다.

3 소금(분량 외)으로 간을 맞춘다. 그릇에 담고 모차렐라 치즈, 찢은 이탈리안 파슬리를 올리고 후추를 뿌린다.

2. 닭고기와 순무 리소토
Chicken & turnip

재료 (3~4인분)

- 쌀 … 1컵(180mL)
- 닭 허벅지살 … 1장(250g)
  * 껍질째 3cm 크기로 깍둑썰기 한다.
- 순무 … 4개
  * 몸통은 껍질을 벗기고 2cm 크기로 깍둑썰기 하고, 줄기는 1개분을 1cm 폭으로 작게 썬다.
- 다진 양파 … 1/4개
- 파르메산 치즈(간 것) … 20g
- 화이트와인 … 1/4컵
- 따뜻한 물 … 3컵
- 로즈마리(생) … 1개
- 소금 … 1/3작은술
- 올리브유 … 1큰술
- 후추 … 약간

만드는 방법

1 프라이팬에 올리브유(분량 외)를 두르고 달궈준 다음 소금 1/3 작은술(분량 외)로 밑간을 한 닭고기를 껍질 면부터 올려서 강불에 굽는다. 닭고기의 양면이 노릇하게 구워지면 꺼낸다.

2 프라이팬에 올리브유를 두르고 양파를 넣고 중불에서 볶다가 양파가 투명해지면 쌀을 넣어서 가볍게 볶은 다음, 소금을 넣어 섞는다.

3 꺼내둔 닭고기를 다시 넣고 화이트와인을 넣어 끓인 다음, 물기가 없어지면 순무, 순무 줄기, 로즈마리, 따뜻한 물 2컵을 넣어 한 번만 섞어주고, 뚜껑을 연 채로 중불에서 10분 정도 끓인다. 다시 물기가 없어지면 남은 물을 넣어 한 번만 섞어주고, 중불에서 5~10분 정도 더 끓인다.

4 파르메산 치즈를 넣어서 섞고, 소금(분량 외)으로 간을 맞춘다. 그릇에 담고 파르메산 치즈(분량 외)와 후추를 뿌린다.

Tip 닭고기 외에 베이컨이나 바지락으로 만드는 것도 추천해요.

3. 닭고기와 당근, 커민 리소토
Chicken, carrot, cumin seed

재료 (3~4인분)

- 쌀 … 1컵(180mL)
- 닭 허벅지살 … 1장(250g)
  * 껍질째 3cm 크기로 깍둑썰기 한다.
- 당근 … 1개
  * 3~4cm 길이로 얇게 썬다.
- 다진 양파 … 1/4개
- 다진 마늘 … 1쪽
- 커민 시드 … 1작은술
- 생크림 … 4큰술
- 따뜻한 물 … 3컵
- 월계수 잎 … 1장
- 소금 … 1/3작은술
- 올리브유 … 1/2큰술
- 커민 파우더(있다면) … 약간

만드는 방법

1. 프라이팬에 올리브유(분량 외)를 두르고 달궈준 다음 소금 1/3작은술(분량 외)로 밑간을 한 닭고기를 껍질 면부터 올려서 강불에 굽는다. 닭고기의 양면이 노릇하게 구워지면 꺼낸다(ⓐ).
2. 프라이팬에 올리브유를 두르고 양파, 마늘, 커민 시드를 넣고 중불에서 볶다가 양파가 투명해지면 쌀을 넣어서 가볍게 볶은 다음, 소금을 넣어 섞는다.
3. 꺼내둔 닭고기를 다시 넣고 화이트와인을 넣어 끓인 다음(ⓑ), 물기가 없어지면 당근, 월계수 잎, 따뜻한 물 2컵을 넣어 한 번만 섞어주고, 뚜껑을 연 채로 중불에서 10분 정도 끓인다. 다시 물기가 없어지면 남은 물을 넣어 한 번만 섞어주고, 중불에서 5~10분 정도 더 끓인다.
4. 생크림을 넣어서 섞고, 소금과 후추(모두 분량 외)로 간을 맞춘다. 그릇에 담고 커민 파우더를 뿌린다.

커민 파우더 인도 요리 등에 사용하는 향신료. 톡 쏘는 자극적인 향과 매운맛이 특징이에요. 고기를 구울 때 후추 대신 뿌리거나 카레를 만들면서 고기나 채소를 볶을 때 넣으면 정통적인 맛으로 완성돼요.

Point

ⓐ 닭고기는 미리 소금을 넣고 섞어서 밑간해둡니다. 껍질 면부터 굽고 양면이 노릇해지면 꺼내주세요. 이 단계에서는 속까지 익지 않아도 괜찮습니다. 프라이팬은 씻지 않고 그대로 사용해주세요.

ⓑ 화이트와인과 함께 끓이는 과정에서 와인 향이 고기에 스며들고, 풍미 가득한 리소토로 완성됩니다.

4. 삼겹살과 무말랭이, 고수 리소토
Pork, dried radish, coriander

재료 (3~4인분)

- 쌀 … 1컵(180mL)
- 삼겹살 … 8장(160g)
  * 3cm 길이로 얇게 자른다.
- 무말랭이(건조) … 30g
  * 물에 불려서 풀어준 다음 물기를 짜서 3cm 길이로 자른다.
- 다진 마늘 … 1쪽
- 술 … 2큰술
- 따뜻한 물 … 3과 1/2컵
- 남플라 … 1과 1/2큰술
- 소금 … 한 꼬집
- 참기름 … 1큰술
- 후추, 고수(큼직하게 썬 것), 레몬 … 적당량씩

만드는 방법

1 프라이팬에 아무것도 넣지 않고 달궈준 다음 소금 1/3작은술(분량 외)로 밑간을 한 돼지고기를 넣고 강불에 굽는다. 돼지고기가 익은 색깔로 변하면 꺼낸다(ⓐ).

2 프라이팬에 참기름을 두르고 마늘을 넣고 중불에서 볶다가 향이 나면 쌀을 넣어서 가볍게 볶은 다음, 소금을 넣어 섞는다. 이어서 무말랭이를 넣고 볶는다(ⓑ).

3 꺼내둔 돼지고기를 다시 넣고 술을 넣어 끓인 다음, 물기가 없어지면 남플라, 따뜻한 물 2컵을 넣어 한 번만 섞어주고, 뚜껑을 연 채로 중불에서 10분 정도 끓인다. 다시 물기가 없어지면 남은 물을 넣어 한 번만 섞어주고, 중불에서 5~10분 정도 더 끓인다.

4 소금(분량 외)으로 간을 맞춘다. 그릇에 담고 후추를 뿌리고, 고수를 올린 다음 레몬을 짜서 곁들여준다.

Point

ⓐ 돼지고기는 미리 소금을 넣고 섞어서 밑간해둡니다. 강한 불로 표면을 굽고 꺼내는 과정으로 잡내를 없애고 고소한 향을 더해주는 것이 포인트입니다.

ⓑ 불린 무말랭이와 쌀이 잘 섞이도록 가볍게 볶아주세요.

5. 다진 소고기와 피망 카레 리소토
Beef mince & green pepper curry

재료 (2~3인분)

- 쌀 … 1컵(180mL)
- 다진 소고기 … 160g
- 소금 … 1/4 작은술
- 다진 양파 … 1/4개
- 피망(대강 다진 것) … 2개
- 다진 마늘, 다진 생강 … 1쪽씩
- A | 고체 카레(대강 자른 것) … 1조각(20g)
  - 케첩 … 1큰술
  - 우스터소스 … 1작은술
  - 커민 시드 … 1/2작은술
- 레드와인 … 1/4컵
- 따뜻한 물 … 3컵
- 올리브유 … 1/2큰술
- 달걀 … 2~3개
- 카레 가루 … 약간

만드는 방법

1. 프라이팬에 올리브유(분량 외)를 두르고 달궈준 다음 다진 소고기, 소금을 넣고 주걱으로 누르면서 강한 중불에 굽는다. 소고기가 노릇하게 구워지면 마늘, 생강을 넣어서 섞어준 다음 꺼낸다. 프라이팬의 기름을 키친페이퍼로 닦는다.
2. 프라이팬에 올리브유를 두르고 양파, 피망을 넣고 중불에서 볶다가 쌀을 넣어서 가볍게 볶는다.
3. 꺼내둔 소고기를 다시 넣고 레드와인을 넣어 끓인 다음, 물기가 없어지면 A, 따뜻한 물 2컵을 넣어 한 번만 섞어주고, 뚜껑을 연 채로 중불에서 10분 정도 끓인다. 다시 물기가 없어지면 남은 물을 넣어 한 번만 섞어주고, 중불에서 5~10분 정도 더 끓인다.
4. 소금(분량 외)으로 간을 맞춘 다음 달걀을 넣고 뚜껑을 닫는다. 달걀이 적당히 익으면 모양을 유지한 채로 그릇에 담고 카레 가루를 뿌린다.

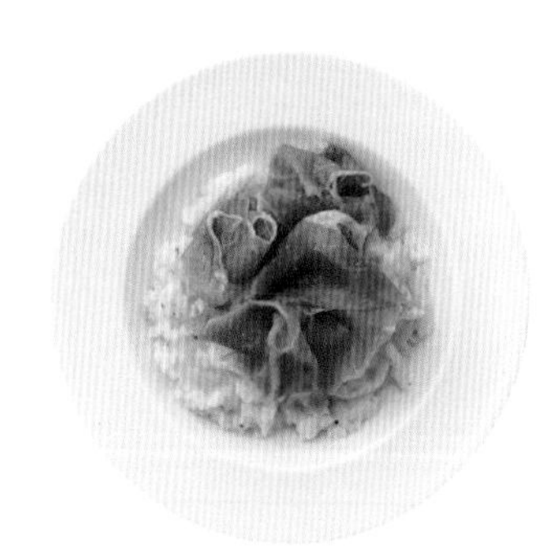

6. 햄과 양배추 리소토
Prosciutto & cabbage

재료 (2~3인분)

- 쌀 … 1컵(180mL)
- 프로슈토 햄(반은 찢는다) … 8장
- 양배추(1cm 폭으로 썬 것) … 2장
- 다진 양파 … 1/4개
- A | 생크림 … 1/4컵
  - 홀그레인 머스터드 … 1/2작은술
- 화이트와인 … 1/4컵
- 육수(액상스톡(치킨) 1/2큰술 + 따뜻한 물) … 3컵
- 소금 … 1/3작은술
- 올리브유 … 1큰술

만드는 방법

1. 프라이팬에 올리브유를 두르고 양파를 넣고 중불에서 볶다가 양파가 투명해지면 쌀을 넣어서 가볍게 볶은 다음, 소금을 넣어 섞는다.
2. 화이트와인을 넣어 끓인 다음, 물기가 없어지면 양배추, 육수 2컵을 넣어 한 번만 섞어주고, 뚜껑을 연 채로 중불에서 10분 정도 끓인다. 다시 물기가 없어지면 남은 육수를 넣어 한 번만 섞어주고, 중불에서 5~10분 정도 더 끓인다.
3. A를 넣어서 섞고, 소금(분량 외)으로 간을 맞춘다. 그릇에 담고 햄을 올린다.

7. 돼지고기와 고구마, 로즈마리 리소토
Pork, sweet potato, rosemary

재료 (3~4인분)

- 쌀 … 1컵(180mL)
- 돼지고기(로스 또는 덩어리 고기) … 200g
  * 1cm 두께, 한입 크기 정도로 자른다. 좀 더 얇게 잘라도 OK.
- 고구마 작은 것 … 1개(200g)
  * 껍질째 1cm 폭으로 십자썰기 한다.
- 다진 양파 … 1/4개
- 로즈마리(생) … 1개
- 파르메산 치즈(간 것) … 20g
- 화이트와인 … 1/4컵
- 육수(액상스톡(치킨) 1/2큰술 + 따뜻한 물) … 3컵
- 소금 … 1/3작은술
- 올리브유 … 1큰술
- 토핑용 파르메산 치즈(간 것) … 적당량

만드는 방법

1 프라이팬에 올리브유(분량 외)를 두르고 달궈준 다음 소금 1/3작은술(분량 외)로 밑간을 한 돼지고기를 넣고 강불에 굽는다. 돼지고기의 양면이 노릇하게 구워지면 꺼낸다.

2 프라이팬에 올리브유를 두르고 양파를 넣고 중불에서 볶다가 양파가 투명해지면 쌀, 고구마를 넣어서 가볍게 볶은 다음, 소금을 넣어 섞는다.

3 꺼내둔 돼지고기를 다시 넣고 화이트와인을 넣어 끓인 다음, 물기가 없어지면 로즈마리, 육수 2컵을 넣어 한 번만 섞어주고, 뚜껑을 연 채로 중불에서 10분 정도 끓인다. 다시 물기가 없어지면 남은 육수를 넣어 한 번만 섞어주고, 중불에서 5~10분 정도 더 끓인다.

4 파르메산 치즈를 넣어서 섞고, 소금(분량 외)으로 간을 맞춘다. 그릇에 담고 토핑용 치즈를 뿌린다.

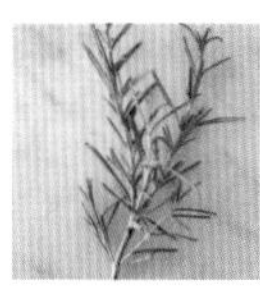

로즈마리 '바다의 이슬'이라는 어원에서처럼 청량한 향이 나는 허브입니다. 고구마, 단호박 등과 같은 달콤한 재료에 악센트를 주기 좋아요. 향의 차이는 없기 때문에 생이 아닌 건조한 로즈마리를 사용해도 괜찮아요.

Tip 세이지나 타임, 오레가노 등 특유의 향이 있는 허브를 함께 곁들이면 좋아요.

Side dish

가리비와

채소 프리토

8.

닭고기와 양송이, 레드와인 리소토

Chicken, mushroom, red wine

담백한 닭고기에 레드와인을 더하여

스튜처럼 진한 맛으로 만들었어요.

버섯과 방울토마토를 넣어 채소의 풍미도 느낄 수 있는 농후한 맛의 리소토.

곁들인 프리토는 약간의 베이킹파우더를 넣어 바삭하게 완성했어요.

8. 닭고기와 양송이, 레드와인 리소토
Chicken, mushroom, red wine

재료 (3~4인분)

- 쌀 … 1컵(180mL)
- 닭 허벅지살 … 1장(250g)
  * 껍질째 3cm 크기로 깍둑썰기 한다.
- 다진 양파 … 1/4개
- 다진 마늘 … 1쪽
- 양송이(얇게 썬 것) … 5개
- 방울토마토(세로 4등분한 것) … 4개
- 레드와인 … 1/4컵
- 육수(액상스톡(치킨) 1/2큰술 + 따뜻한 물) … 3컵
- 월계수 잎 … 1장
- 소금 … 1/3작은술
- 버터 … 5g
- 파르메산 치즈(간 것) … 적당량

만드는 방법

1. 프라이팬에 올리브유(분량 외)를 두르고 달궈준 다음 소금 1/3작은술, 후추 약간(모두 분량 외)을 넣어 밑간을 한 닭고기를 껍질 면부터 올려서 강불에 굽는다. 닭고기의 양면이 노릇하게 구워지면 꺼낸다. 프라이팬의 기름을 키친페이퍼로 닦는다.
2. 프라이팬에 버터를 녹이고 양파, 마늘을 넣고 중불에서 볶다가 양파가 투명해지면 양송이, 쌀을 넣어서 가볍게 볶은 다음, 소금을 넣어 섞는다.
3. 꺼내둔 닭고기를 다시 넣고 레드와인을 넣어 끓인 다음, 물기가 없어지면 방울토마토, 월계수 잎, 육수 2컵을 넣어 한 번만 섞어주고, 뚜껑을 연 채로 중불에서 10분 정도 끓인다. 다시 물기가 없어지면 남은 육수를 넣어 한 번만 섞어주고, 중불에서 5~10분 정도 더 끓인다.
4. 소금(분량 외)으로 간을 맞춘다. 그릇에 담고 파르메산 치즈를 뿌린다.

가리비와 채소 프리토

Side dish

베이킹파우더가 없다면 물 대신 탄산수를 넣어주세요.
바질을 넣은 채소 프리토는 보기에도 귀엽고 향도 최고랍니다.

재료 (3~4인분)

- 가리비 관자(횟감용) … 4개
  * 두께를 반으로 자른다.
- 당근 … 1/2개
  * 4cm 길이로 썰고, 세로 1cm 두께로 썬다.
- 주키니 … 1/2개
  * 4cm 길이로 썰고, 세로 반으로 썬다.
- 바질 잎 … 4장
- A | 밀가루 … 1/2컵
  녹말 가루 … 1큰술
  베이킹파우더 … 1/2작은술
  소금 … 한 꼬집
- B | 냉수 … 80mL
  올리브유 … 1큰술
- 튀김용 기름, 레몬 … 적당량씩

만드는 방법

1. 볼에 A를 넣고, B를 더해서 젓가락으로 가볍게 섞는다.
2. 당근, 주키니, 바질, 가리비 순으로 1에 넣어 섞고, 중간 온도(170℃)의 튀김 기름에 넣어 바삭하게 튀긴다. 그릇에 담고 레몬을 곁들인다.

Frying pan Risotto

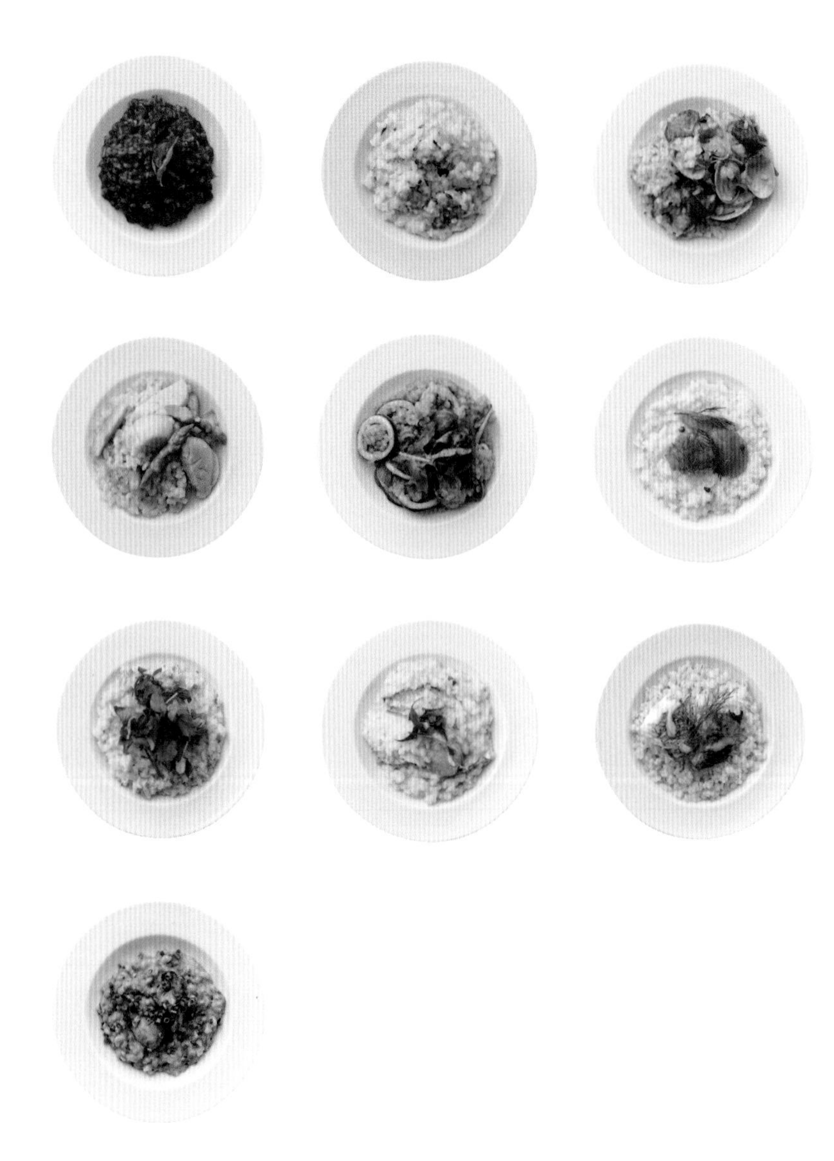

Chapter.4

Fish & Seafood Risotto

해산물 리소토

해산물이 가진 풍부한 육수로 만든 바다가 느껴지는 깊은 맛의 리소토 레시피입니다.

해산물은 오래 끓이면 질겨지므로 먼저 가볍게 구운 다음 나중에 넣어 주세요. 와인과 셀러리, 향이 있는 허브와 함께 끓이면 비릿한 냄새는 없어지고 풍미가 생깁니다. 쌀 한 톨 한 톨까지 깊은 맛이 스며들어 제가 자신하는 레시피들이에요.

1. 참치와 올리브, 케이퍼와 토마토 리소토

Tuna, black olive, caper & tomato

즐겨 먹는 파스타를 연상해서 만든 리소토예요.
참치, 앤초비 올리브, 케이퍼 등 토마토와 잘 어울리는 것을 듬뿍 넣었어요.
올리브나 케이퍼, 바질의 양은 취향에 따라 넣어주세요.
말린 허브를 넣어도 맛있어요.

레시피 ▶▶▶ p.78

2. 새우와 레몬 리소토
Prawn & lemon

진한 생크림과 레몬의 산미가 어우러진 레몬 크림이 들어간 리소토.
새우는 가볍게 볶은 다음 나중에 넣어주면
탱탱한 식감을 가질 뿐 아니라 감칠맛이 육수에 녹아들어요.
레몬 껍질과 타임 잎을 올려서 예쁘게 만들어 주세요.

레시피 ▶▶▶ p.78

3. 바지락과 방울토마토 리소토
Clam & cherry tomato

맛의 비법은 화이트와인에 삶은 바지락 육수.
바지락은 삶은 후 꺼내두고 남은 육수에 그대로 쌀을 볶고 졸이면
바지락의 풍미를 살린 시원하고 담백한 리소토로 완성됩니다.
방울토마토의 곁들여 상큼함을 더했어요.

레시피 ▶▶▶ p.79

4.

가리비와 아스파라거스 리소토

Scallop & green asparagus

가리비와 아스파라거스는 버터로 볶아 맛을 냈습니다.
바지락과 버섯 또는 브로콜리로 대신해도 좋아요.
마무리로 레몬 껍질을 갈고, 레몬즙을 뿌려서 먹어도 맛있어요.

레시피 ▶▶▶ p.80

5.

오징어와 루콜라 리소토

Squid & rocket

오징어와 앤초비로 만든 깊이 있는 맛의 리소토.
오징어는 쌀을 끓이면서 함께 삶아 자연스럽게 쌀에 맛이 스며들어요.
은은하게 쌉쌀한 루콜라를 곁들여 어른의 맛으로 완성해 주세요.

레시피 ▶▶▶ p.81

b. 훈제 연어와 요거트 리소토
Smoked salmon & yogurt

기름진 연어에 요거트의 상큼함을 곁들였어요.
딜을 넣어서 뒷맛은 상쾌하게 마무리했고요.
요거트는 섞으면 분리되기 때문에 함께 끓이지 않습니다.
이 레시피에서는 연어의 반을 섞었지만,
모두 위에 올려 먹는 것도 추천해요.

레시피 ▶▶ p.82

7. 게살과 크레송 리소토

Crab & watercress

게살을 사용해서 간단하게 예쁜 색감의 리소[illegible] 만[illegible]해요.

크레송의 쌉쌀한 맛이 게살의 단맛을 더[illegible].

레시피 ▶▶▶ p.82

8. 삼치와 시로미소 리소토

Spanish mackerel & white miso

삼치 대신 다른 생선으로 만들고 싶다면
농어, 도미, 청새치 등 지방이 있는 흰살생선을 추천합니다.
삼치는 부서지기 쉽기 때문에 섞을 때 조심조심 가볍게 섞어 주세요.
시로미소의 단맛이 삼치의 풍미를 훨씬 높여줍니다.
마무리할 때 채 썬 유자 껍질을 올려주는 것도 좋아요.

레시피 ▶▶▶ p.83

1. 참치와 올리브, 케이퍼와 토마토 리소토
Tuna, black olive, caper & tomato

재료 (2~3인분)

- 쌀 … 1컵(180mL)
- 참치살(캔·국물을 제거한 것) … 140g
- 다진 양파 … 1/4개
- 다진 마늘 … 1쪽
- A | 검은 올리브(씨를 빼고 4등분으로 자른 것) … 4개 / 케이퍼 … 2작은술
- 앤초비(필레) … 4장
- 홀 토마토(캔·잘게 다진 것) … 200g
- 화이트 와인 … 1/4컵
- 따뜻한 물 … 2컵
- 소금 … 1/4작은술
- 올리브유 … 1/2큰술
- 바질 잎(찢은 것) … 적당량

만드는 방법

1. 프라이팬에 올리브유를 두르고 양파, 마늘, 앤초비(으깨면서)를 넣고 중불에서 볶다가 양파가 투명해지면 참치살, 쌀 순으로 넣어서 가볍게 볶은 다음, 소금을 넣어 섞는다.
2. 화이트와인을 넣어 끓인 다음, 물기가 없어지면 A, 홀 토마토, 따뜻한 물 1컵을 넣어 한 번만 섞어주고, 뚜껑을 연 채로 중불에서 10분 정도 끓인다. 다시 물기가 없어지면 남은 물을 넣어 한 번만 섞어주고, 중불에서 5~10분 정도 더 끓인다.
3. 소금(분량 외)으로 간을 맞춘다. 그릇에 담고 바질을 뿌린다.

Tip 다른 종류의 말린 허브를 넣어도 맛있어요.

2. 새우와 레몬 리소토
Prawn & lemon

재료 (2~3인분)

- 쌀 … 1컵(180mL)
- 껍질 있는 새우(블랙타이거 등) … 15마리(180g)
  * 껍질을 까고 꼬리와 등 쪽의 내장은 제거한다.
- 다진 양파 … 1/4개
- 다진 마늘 … 1쪽
- 레몬즙 … 1큰술
- 레몬 껍질(왁스칠 하지 않은 것·간 것) … 1/2개분
- 파르메산 치즈(간 것) … 20g
- 화이트와인 … 1/4컵
- 생크림 … 4큰술
- 육수(액상스톡(치킨) 1/2큰술 + 따뜻한 물) … 3컵
- 타임(생) … 2개
- 소금 … 1/3작은술
- 올리브유 … 1큰술

만드는 방법

1. 프라이팬에 올리브유를 두르고 마늘을 넣고 중불에서 볶다가 향이 나면 손질해둔 새우, 화이트와인 약간(분량 외)을 넣고 볶는다. 새우의 색이 바뀌면 꺼낸다.
2. 프라이팬에 올리브유 1작은술(분량 외)을 두르고 양파를 넣고 중불에서 볶다가 양파가 투명해지면 쌀을 넣어서 가볍게 볶은 다음, 소금을 넣어 섞는다.
3. 화이트와인을 넣어 끓인 다음, 물기가 없어지면 레몬즙, 타임 1개, 육수 2컵을 넣어 한 번만 섞어주고, 뚜껑을 연 채로 중불에서 10분 정도 끓인다. 다시 물기가 없어지면 꺼내둔 새우, 남은 육수를 넣어 한 번만 섞어주고, 중불에서 5~10분 정도 더 끓인다.
4. 생크림, 파르메산 치즈, 레몬 껍질 1/2을 넣어서 섞고, 소금(분량 외)으로 간을 맞춘다. 그릇에 담고 남은 레몬 껍질과 타임을 찢어서 뿌린다.

3. 바지락과 방울토마토 리소토
Clam & cherry tomato

재료 (2~3인분)

- 쌀 … 1컵(180mL)
- 바지락(해감한 것) … 1팩(250g)
- 방울토마토 … 6개
  * 세로 반으로 자른다.
- 다진 마늘 … 1쪽
- 화이트와인 … 1/4컵
- 따뜻한 물 … 3컵
- 파슬리 줄기 … 2~3개
- 소금 … 1/3작은술
- 올리브유 … 1큰술
- 이탈리안 파슬리(대강 썬 것) … 적당량

만드는 방법

1 프라이팬에 올리브유 약간(분량 외)을 두르고 마늘을 넣고 중불에서 볶다가 향이 나면 바지락, 화이트와인을 넣고 볶는다. 바지락이 입을 벌리면 꺼낸다.

2 프라이팬에 올리브유를 두르고 쌀을 넣어서 가볍게 볶은 다음, 소금을 넣어 섞는다.

3 방울토마토, 파슬리 줄기, 따뜻한 물 2컵을 넣어 한 번만 섞어주고, 뚜껑을 연 채로 중불에서 10분 정도 끓인다. 다시 물기가 없어지면 꺼내둔 바지락, 남은 물을 넣어 한 번만 섞어주고, 중불에서 5~10분 정도 더 끓인다.

4 소금(분량 외)으로 간을 맞춘다. 그릇에 담고 이탈리안 파슬리를 뿌린다.

Tip 바지락 해감은 소금물(물 1컵 + 소금 1작은술)에 바지락을 넣고 차고 어두운 곳에 1시간 정도 둡니다. 검은 비닐봉지를 씌워 냉장고에 보관하는 것도 좋아요.

4. 가리비와 아스파라거스 리소토
Scallop & green asparagus

재료 (2~3인분)

- 쌀 … 1컵(180mL)
- 가리비 관자(횟감용) … 6개
  * 세로 반으로 자른다.
- 그린 아스파라거스 … 3~4개
  *아래쪽의 딱딱한 껍질을 벗기고, 2~3cm 폭으로 어슷썰기 한다.
- 다진 양파 … 1/4개
- 다진 마늘 … 1쪽
- 파르메산 치즈(간 것) … 30g
- 화이트와인 … 1/4컵
- 육수(액상스톡(치킨) 1/2큰술 + 따뜻한 물) … 3컵
- 파슬리 줄기 … 2~3개
- 소금 … 1/3작은술
- 버터 … 15g
- 올리브유 … 1작은술

만드는 방법

1 프라이팬에 버터를 녹이고 가리비 관자, 아스파라거스를 넣고 중불에서 볶다가 가리비 관자 전체가 노릇하게 익으면 아스파라거스와 함께 꺼낸다.

2 프라이팬에 올리브유를 두르고 양파, 마늘을 넣고 중불에서 볶다가 양파가 투명해지면 쌀을 넣어서 가볍게 볶은 다음, 소금을 넣어 섞는다.

3 화이트와인을 넣어 끓인 다음, 물기가 없어지면 파슬리 줄기, 육수 2컵을 넣어 한 번만 섞어주고, 뚜껑을 연 채로 중불에서 10분 정도 끓인다. 다시 물기가 없어지면 남은 육수를 넣어 한 번만 섞어주고, 중불에서 5~10분 정도 더 끓인다.

4 꺼내둔 가리비 관자, 아스파라거스와 파르메산 치즈를 넣어서 함께 섞고, 소금(분량 외)으로 간을 맞춘다.

Tip 가리비와 아스파라거스 대신 바지락과 버섯 또는 브로콜리로 대신해도 좋아요.
마무리로 레몬 껍질을 갈고, 레몬즙을 뿌려서 먹어도 맛있어요.

5. 오징어와 루콜라 리소토
Squid & rocket

재료 (2~3인분)

- 쌀 … 1컵(180mL)
- 오징어 작은 것 … 2개(320g)
- A | 다진 양파 … 1/4개
  다진 마늘 … 1쪽
  홍고추(작게 썬 것) … 1개
  앤초비(필레) … 2장
- 화이트와인 … 1/4컵
- 따뜻한 물 … 3컵
- 소금 … 1/3작은술
- 올리브유 … 1큰술
- 루콜라(대강 썬 것) … 3~4묶음
- B | 올리브유, 소금, 발사믹 식초 … 약간씩

만드는 방법

1. 오징어는 속 내장, 연골을 제거하고 몸통을 1cm 폭으로 자른다(다리는 사용하지 않는다).
2. 프라이팬에 올리브유를 두르고 A를 넣고 중불에서 볶다가(앤초비는 으깨면서) 양파가 투명해지면 오징어를 넣어서 노릇하게 볶는다. 이어서 쌀을 넣어서 가볍게 볶은 다음, 소금을 넣어 섞는다.
3. 화이트와인을 넣어 끓인 다음, 물기가 없어지면 따뜻한 물 2컵을 넣어 한 번만 섞어주고, 뚜껑을 연 채로 중불에서 10분 정도 끓인다. 다시 물기가 없어지면 남은 물을 넣어 한 번만 섞어주고, 중불에서 5~10분 정도 더 끓인다.
4. 소금(분량 외)으로 간을 맞춘다. 그릇에 담고 B로 무친 루콜라를 올린다.

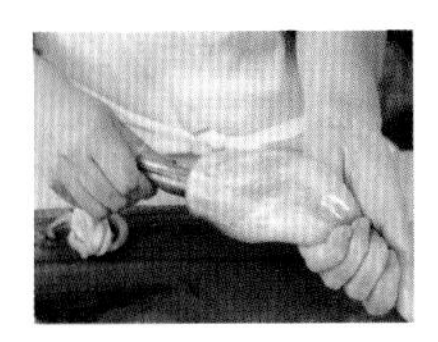

Point

오징어는 다리를 잡아당겨 내장과 연골을 제거하고 속을 깨끗이 씻어 주세요. 몸통은 껍질을 벗기지 않고 1cm 폭으로 잘라줍니다.

6. 훈제 연어와 요거트 리소토
Smoked salmon & yogurt

재료 (2~3인분)

- 쌀 … 1컵(180mL)
- 훈제 연어 … 10장(80g)
  * 한입 크기로 자른다.
- 다진 양파 … 1/4개
- 다진 셀러리 … 1/3개
- 화이트와인 … 1/4컵
- 플레인 요거트 … 3큰술
- 생크림 … 1/4컵
- 따뜻한 물 … 3컵
- 소금 … 1/3작은술
- 올리브유 … 1큰술
- 딜(생·찢은 것) … 2줄기

만드는 방법

1. 프라이팬에 올리브유를 두르고 양파, 셀러리를 넣고 중불에서 볶다가 양파가 투명해지면 연어 1/2, 쌀 순으로 넣어서 가볍게 볶은 다음, 소금을 넣어 섞는다.
2. 화이트와인을 넣어 끓인 다음, 물기가 없어지면 따뜻한 물 2컵을 넣어 한 번만 섞어주고, 뚜껑을 연 채로 중불에서 10분 정도 끓인다. 다시 물기가 없어지면 남은 물을 넣어 한 번만 섞어주고, 중불에서 5~10분 정도 더 끓인다.
3. 요거트, 생크림을 넣어서 섞고, 소금(분량 외)으로 간을 맞춘다. 그릇에 담고 남은 연어와 딜을 올리고 핑크 페퍼(있다면·분량 외)를 뿌린다.

Tip 연어 전량을 리소토 위에 올려 먹어도 맛있어요.

7. 게살과 크레송 리소토
Crab & watercress

재료 (2~3인분)

- 쌀 … 1컵(180mL)
- 게살(잘게 나눈 것) … 150g
  * 캔을 사용해도 좋다.
- 다진 양파 … 1/4개
- 다진 마늘 … 1쪽
- 파르메산 치즈(간 것) … 30g
- 화이트와인 … 1/4컵
- 생크림 … 2큰술
- 따뜻한 물 … 3컵
- 월계수 잎 … 1개
- 소금 … 1/3작은술
- 올리브유 … 1큰술
- 크레송 … 1묶음
  * 뿌리 쪽을 자르고 대강 썬다.

만드는 방법

1. 프라이팬에 올리브유를 두르고 양파, 마늘을 넣고 중불에서 볶다가 양파가 투명해지면 쌀을 넣어서 가볍게 볶은 다음, 소금을 넣어 섞는다.
2. 화이트와인을 넣어 끓인 다음, 물기가 없어지면 월계수 잎, 따뜻한 물 2컵을 넣어 한 번만 섞어주고, 뚜껑을 연 채로 중불에서 10분 정도 끓인다. 다시 물기가 없어지면 남은 물을 넣어 한 번만 섞어주고, 게살을 넣고 중불에서 5~10분 정도 더 끓인다.
3. 생크림, 파르메산 치즈를 넣어서 섞고, 소금(분량 외)으로 간을 맞춘다. 그릇에 담고 크레송을 올린다.

8. 삼치와 시로미소 리소토
Spanish mackerel & white miso

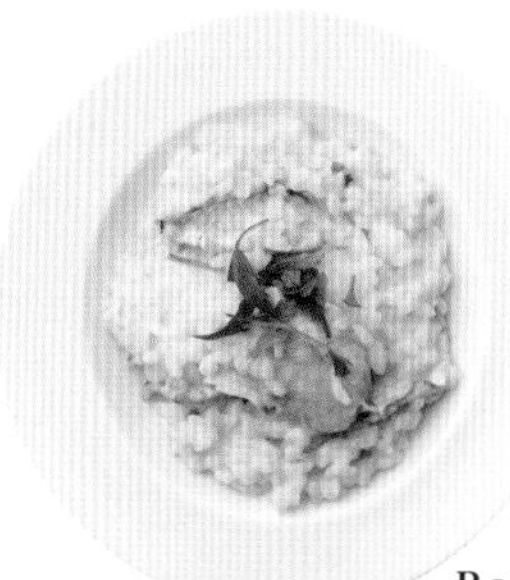

재료 (2~3인분)

- 쌀 … 1컵(180mL)
- 손질한 삼치살 … 2장(200g)
  * 2~3등분으로 자른다.
- 다진 양파 … 1/4개
- 다진 마늘 … 1/2쪽
- A | 생크림 … 80mL
  시로미소 … 2큰술
- 화이트와인 … 1/4컵
- 따뜻한 물 … 3컵
- 파슬리 줄기 … 2~3개
- 소금 … 1/3작은술
- 올리브유 … 1큰술
- 이탈리안 파슬리(찢은 것) … 적당량

만드는 방법

1 프라이팬에 올리브유(분량 외)를 두르고 달궈준 다음 소금 약간(분량 외)을 뿌린 삼치를 껍질 면부터 올려서 강불에 굽는다. 삼치의 양면이 노릇하게 구워지면 꺼낸다(ⓐ).

2 프라이팬에 올리브유를 두르고 양파, 마늘을 넣고 중불에서 볶다가 양파가 투명해지면 쌀을 넣어서 가볍게 볶은 다음, 소금을 넣어 섞는다.

3 화이트와인을 넣어 끓인 다음, 물기가 없어지면 파슬리 줄기, 따뜻한 물 2컵을 넣어 한 번만 섞어주고, 뚜껑을 연 채로 중불에서 10분 정도 끓인다. 다시 물기가 없어지면 남은 물을 넣어 한 번만 섞어주고, 꺼내둔 삼치를 넣고(ⓑ) 중불에서 5~10분 정도 더 끓인다.

4 A를 넣어서 전체에 섞고(ⓒ), 소금(분량 외)으로 간을 맞춘다. 그릇에 담고 이탈리안 파슬리를 뿌린다.

Tip 마무리할 때 채 썬 유자 껍질을 올려주면 상큼하게 먹을 수 있어요.

Point

ⓐ 삼치는 미리 소금을 뿌려 둡니다. 껍질 면부터 올려서 양면을 노릇하게 구워주세요. 이 단계에서는 속까지 익지 않아도 괜찮아요.

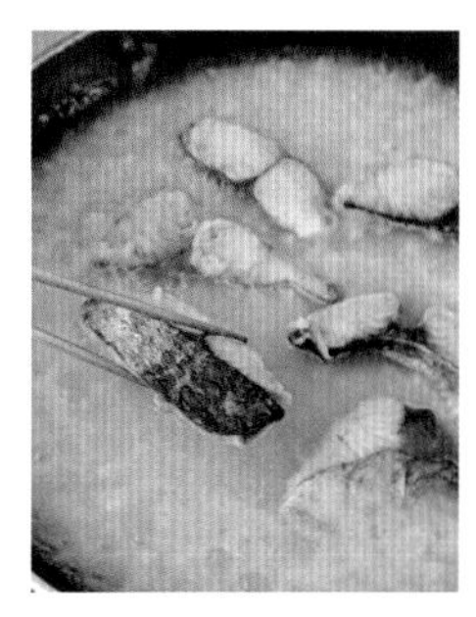

ⓑ 따뜻한 물 1컵을 넣으면서 꺼내둔 삼치를 다시 넣어요. 살이 부서지기 쉬우므로 건들지 말고 그대로 물기가 없어질 때까지 끓여주세요.

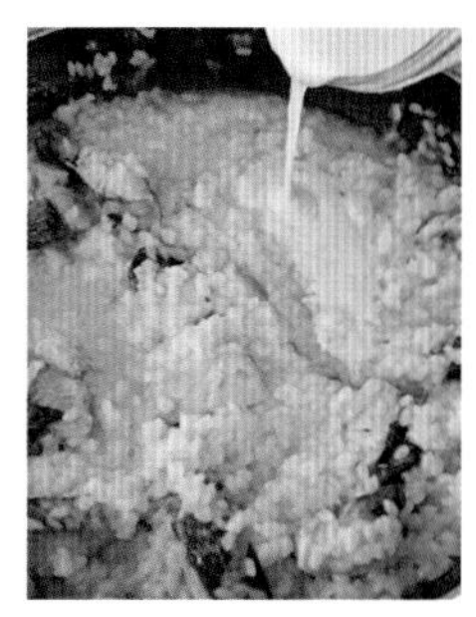

ⓒ 생크림과 시로미소는 미리 섞어 둡니다. 전체에 부어 섞을 때 삼치가 부서지지 않도록 주의하세요.

Side dish

오렌지와
셀러리 샐러드

9. 도미와 아이올리 소스 리소토
Sea bream & aioli

셀러리를 듬뿍 넣어서 끓이면 도미의 비린내를 없앨 수 있고,
허브 향이 나는 아이올리 소스를 뿌리면 상쾌한 뒷맛으로 마무리됩니다.
탱글탱글한 납작보리의 식감도 아주 잘 어울려요.
오렌지 샐러드는 새초롬한 맛이 나는 이탈리아 스타일로 만들었어요.

9. 도미와 아이올리 소스 리소토
Sea bream & aioli

재료 (2~3인분)

- 쌀 … 2/3컵(120mL)
- 납작보리 … 5큰술(50g)
- 자른 도미(2~3등분한 것) … 2장(200g)
- 다진 셀러리 … 1/2개
- 다진 마늘 … 1쪽
- 화이트와인 … 1/4컵
- 따뜻한 물 … 3컵
- 소금 … 1/3작은술
- 올리브유 … 1큰술
- 딜(생) … 1~2줄기

【아이올리 소스】

- A | 달걀노른자 … 1개분
  프렌치 머스터드 … 1작은술
  딜(생·대강 썬 것) … 1줄기
  마늘, 레몬 껍질(왁스칠 하지 않은 것·간 것) … 약간씩
- 올리브유 … 1~2큰술
- 소금 … 약간

만드는 방법

1. 프라이팬에 올리브유(분량 외)를 두르고 달궈준 다음 소금 약간(분량 외)을 뿌린 도미를 껍질 면부터 올려서 강불에 굽는다. 도미의 양면이 노릇하게 구워지면 꺼낸다.
2. 프라이팬에 올리브유를 두르고 셀러리, 마늘을 넣고 중불에서 볶다가 향이 나면 쌀, 납작보리를 넣어서 가볍게 볶은 다음, 소금을 넣어 섞는다.
3. 화이트와인을 넣어 끓인 다음, 물기가 없어지면 따뜻한 물 2컵을 넣어 한 번만 섞어주고, 뚜껑을 연 채로 중불에서 10분 정도 끓인다. 다시 물기가 없어지면 남은 물을 넣어 한 번만 섞어주고, 꺼내둔 도미를 넣고 중불에서 5~10분 정도 더 끓인다.
4. 소금(분량 외)으로 간을 맞춘다. 그릇에 담고 딜을 올린 후 아이올리 소스(섞은 A에 올리브유를 조금씩 넣으면서 거품기로 걸쭉해질 때까지 섞고 소금으로 간을 맞춘다)를 뿌린다.

딜 생선, 고기, 채소 등 다양한 재료에 잘 어울리는 상쾌한 향의 허브. 토마토, 오이, 아보카도와도 궁합이 맞고, 문어 마리네나 포테이토 샐러드에 뿌려도 맛있어요.

오렌지와 셀러리 샐러드

Side dish

오렌지와 페넬(회향풀)로 만드는 나폴리 또는 시칠리아의 샐러드를 응용했어요. 소금과 와인 식초를 넣어 제대로 맛을 잡아주세요.

재료 (2~3인분)

- 오렌지 … 2개
- 셀러리 … 1개
  * 4cm 길이로 얇게 썰고 물에 담가 둔다.
- 자색 양파 … 1/4개
  * 얇게 채 썰어서 물에 담가 둔다.
- 아몬드(굵게 부순 것) … 1큰술
- A | 올리브유 … 1큰술
  화이트와인 식초 … 1작은술
  소금 … 1/4작은술

만드는 방법

1. 오렌지는 칼로 껍질을 자른 다음 가로 5mm 폭으로 통썰기 한다.
2. 그릇에 오렌지와 자색 양파, 셀러리, 아몬드 순으로 넣고 섞은 A를 뿌린다.

Point

오렌지는 먼저 위아래를 자르고, 칼로 세로로 깎아 내리듯이 껍질을 잘라 주세요. 과육은 가로 5mm 폭으로 통썰기 합니다.

Side dish

콜리플라워
오븐구이

10.
굴과 쪽파 리소토
Oyster & green onion

굴의 국물을 머금은 쌀에 쪽파를 듬뿍 넣고,
약간의 생크림을 넣어 부드럽게 완성한 리소토.
크레송을 올리는 것도 추천해요.
곁들인 오븐구이에는 유자 후추로 상큼함을 더했어요.

10. 굴과 쪽파 리소토
Oyster & green onion

재료 (3~4인분)

- 쌀 … 1컵(180mL)
- 믹스잡곡 … 1봉투(30g)
- 껍질 깐 굴(가열용) … 12개(200g)
- 쪽파(잘게 썬 것) … 10개
- 다진 마늘 … 1쪽
- 파르메산 치즈(간 것) … 20g
- 화이트와인 … 1/4컵
- 생크림 … 2큰술
- 따뜻한 물 … 3과 1/4컵
- 소금 … 1/3작은술
- 올리브유 … 1큰술

만드는 방법

1. 프라이팬에 올리브유 약간(분량 외)을 두르고 달궈준 다음 굴을 넣고 중불에 굽는다. 굴의 표면이 노릇하게 구워지면 꺼낸다.
2. 프라이팬에 올리브유를 두르고 마늘을 넣고 중불에서 볶다가 향이 나면 쌀, 믹스잡곡을 넣어서 가볍게 볶은 다음, 소금을 넣어 섞는다.
3. 화이트와인을 넣어 끓인 다음, 물기가 없어지면 따뜻한 물 2와 1/4컵을 넣어 한 번만 섞어주고, 뚜껑을 연 채로 중불에서 10분 정도 끓인다. 다시 물기가 없어지면 남은 물을 넣어 한 번만 섞어주고, 꺼내둔 굴을 넣고 중불에서 5~10분 정도 더 끓인다.
4. 생크림, 파르메산 치즈를 넣어서 섞고, 소금(분량 외)으로 간을 맞춘다. 불을 끈 다음 쪽파 1/2을 넣고 섞는다. 그릇에 담고 남은 쪽파를 뿌린다.

콜리플라워 오븐구이

Side dish

**마요네즈와 유자 후추를 섞은 소스가 독특한 맛을 만들어 냅니다.
빵가루에는 오일을 섞어서 더욱 바삭하게 만들어 주세요.**

재료 (3~4인분)

- 콜리플라워(잘게 나눈 것) 작은 것 … 1개(정미 250g)
- A
  - 마요네즈 … 4큰술
  - 유자후추 … 1과 1/3큰술
- B
  - 빵가루 … 4큰술
  - 올리브유 … 1큰술
  - 간 마늘 … 약간

만드는 방법

1. 소금 약간(분량 외)을 넣은 뜨거운 물에 콜리플라워를 1분간 삶고 꺼낸다.
2. 내열 접시에 콜리플라워를 올리고, 섞은 A, 섞은 B 순서로 뿌린 다음 200℃로 예열한 오븐에서 노릇노릇해질 때까지 15분 정도 굽는다.

Frying pan Risotto

Chapter.5

Special Risotto

스페셜 리소토

테이블에 놓는 즉시 감탄이 나오는 화려한 비주얼의 리소토 레시피를 모았어요.
쌀을 사프란과 함께 끓여 파에야처럼 만들거나, 치즈를 얹어서 오븐에 넣어 피자처럼 굽는 등 다양한 방식으로 만들었어요. 조금 손이 가지만 자신 있게 내놓을 수 있는 퀄리티의 리소토랍니다. 특별한 날에 소중한 사람들과 함께 즐겨주세요.

1. 녹색 채소 리소토
Green vegetables

녹색 채소가 듬뿍 들어가 얼핏 보면 샐러드 같은 리소토.
아보카도를 넣는 것으로 부드러운 진한 맛을 냈어요.
치즈가 듬뿍 들어간 바질 페이스트를 넣어 주세요.
페이스트가 남으면 삶은 감자와 함께 먹어도 잘 어울려요.

레시피 ▶▶ p.96

2. 닭고기와 흰강낭콩 리소토
Chicken & white kidney bean

닭고기는 뼈를 바르지 않은 것을 사용하면
육수가 나와서 더욱 깊은 맛이 나고, 보기에도 화려해요.
흰강낭콩은 건조콩을 사용해 주세요.
삶은 흰강낭콩에서 나온 단맛 있는 국물을 육수로 사용하는 것이 포인트입니다.
여기에 샐러드를 곁들이면 멋진 한 끼 식사가 됩니다.

레시피 ▶▶▶ p.97

3. 돼지고기와 바지락 리소토
Pork & clam

포르투갈 요리에서 영감을 얻은 돼지고기와 바지락의 조합.
돼지고기는 남플라로 밑간을 해서 이국적인 맛을 냈지만
다른 맛을 원한다면 간장으로 대신해도 좋아요.
돼지고기는 지방이 있는 앞다리 로스를 추천해요.
마지막에 고수를 듬뿍 올려 영귤이나 레몬을 짜서 드세요.

레시피 ▶▶ p.98

4. 여름 채소와 건토마토 리소토
Summer vegetables & sun-dried tomato

단호박의 노란색, 주키니의 녹색, 방울토마토의 빨간색.
컬러풀한 여름 채소를 한 곳에 담아 맛있게 먹을 수 있는 리소토입니다.
건토마토의 소금기와 특유의 맛이 돋보여요.
마무리로 치즈를 양껏 올리면 진한 맛으로 완성됩니다.

레시피 ▶▶ p.99

5. 가지와 토마토 피자 리소토

Eggplant & tomato pizza

맛있게 볶은 밥 위에 피자 치즈를 올려 오븐에 구우면
먹음직스러운 비주얼을 지닌 도리아 스타일의 리소토로 완성.
가지와 토마토는 기름을 많이 넣고 볶아서 숨을 죽이면
오븐에 넣어서 구웠을 때 치즈, 밥과 하나가 됩니다.
살라미 외에 소시지나 베이컨으로 만들어도 맛있어요.

레시피 ▶▶▶ p.100

b. 파에야 리소토
Paella

해산물의 감칠맛이 입안 곳곳에 퍼지는 특별한 리소토.
사프란으로 색과 향기를 더한 고급스러운 요리예요.
조개가 들어가서 깊은 맛이 느껴진답니다.
마지막에 올리브유를 둘러 강불에 볶으면
아래에 누룽지가 생겨 더욱 맛있어집니다.

레시피 ▶▶ p.101

1. 녹색 채소 리소토
Green vegetables

재료 (3~4인분)

- 쌀 … 1컵(180mL)
- 브로콜리(작게 나눈 것) … 1개
- 주키니 … 1개
  * 1cm 크기로 깍둑썰기 한다.
- 아보카도 작은 것 … 1개
  * 1.5cm 크기로 깍둑썰기 한다.
- 다진 양파 … 1/4개
- 다진 마늘 … 1쪽
- 화이트와인 … 1/4컵
- 육수(고체스톡 1/2개 + 따뜻한 물) … 3컵
- 소금 … 1/3작은술
- 올리브유 … 1큰술

【바질 페이스트】
- 바질 잎 큰 것 … 6장
- 파르메산 치즈(간 것) … 2큰술
- 잣 … 1큰술
- 소금 … 1/3작은술
- 올리브유 … 1/4컵

만드는 방법

1 프라이팬에 올리브유를 두르고 양파, 마늘을 넣고 중불에서 볶다가 양파가 투명해지면 쌀을 넣어서 가볍게 볶은 다음, 소금을 넣어 섞는다. 이어서 브로콜리, 주키니를 넣고 섞는다.

2 화이트와인을 넣어 끓인 다음, 물기가 없어지면 육수 2컵을 넣어 한 번만 섞어주고, 뚜껑을 연 채로 중불에서 10분 정도 끓인다. 다시 물기가 없어지면 남은 육수를 넣어 한 번만 섞어주고, 중불에서 5~10분 정도 더 끓인다.

3 아보카도를 넣어서 섞고, 소금(분량 외)으로 간을 맞춘다. 그릇에 담고 바질 페이스트(재료 모두를 믹서에 넣어 간다)를 곁들인다.

Tip 바질 페이스트가 남으면 삶은 감자와 함께 먹어도 잘 어울려요.

2 닭고기와 흰강낭콩 리소토
Chicken & white kidney bean

재료 (3~4인분)

- 쌀 … 1컵(180mL)
- 닭 허벅지살(뼈째 토막낸 것) 큰 것 … 1개(250g)
- 흰강낭콩(건조) … 60g
- 다진 양파 … 1/4개
- 다진 마늘 … 1쪽
- 파르메산 치즈(간 것) … 30g
- 생크림 … 2큰술
- 화이트와인 … 1/4컵
- 따뜻한 물 … 2컵
- 세이지(생) … 1개
- 소금 … 1/3작은술
- 올리브유 … 1큰술
- 후추 … 약간

만드는 방법

1. 하룻밤 물에 담가 불린 콩을 물 3컵과 함께 냄비에 넣고 약한 중불에서 30분 정도 삶아서 꺼낸다. 삶은 물은 다시 사용하기 위해 남겨둔다.
2. 프라이팬에 올리브유 약간(분량 외)을 두르고 마늘을 넣고 중불에서 볶다가 향이 나면 소금 1/3작은술(분량 외)로 밑간을 한 닭고기를 껍질 면부터 올려서 굽는다. 닭고기의 양면이 노릇하게 구워지면 꺼낸다.
3. 프라이팬에 올리브유를 두르고 양파를 넣고 중불에서 볶다가 양파가 투명해지면 쌀을 넣어서 가볍게 볶은 다음, 소금을 넣어 섞는다.
4. 꺼내둔 닭고기를 다시 넣고 화이트와인을 넣어 끓인 다음, 물기가 없어지면 세이지, 따뜻한 물 2컵을 넣어 한 번만 섞어주고, 뚜껑을 연 채로 중불에서 10분 정도 끓인다. 다시 물기가 없어지면 삶은 콩과 삶은 물 1컵을 넣어 한 번만 섞어주고, 중불에서 5~10분 정도 더 끓인다.
5. 생크림, 파르메산 치즈를 넣어서 섞고, 소금(분량 외)으로 간을 맞춘다. 그릇에 담고 후추를 뿌린다.

Tip 삶은 콩을 사용할 경우 160g을 준비하고, 따뜻한 물 3컵으로 요리해 주세요.

3. 돼지고기와 바지락 리소토
Pork & clam

재료 (3~4인분)

- 쌀 … 1컵(180mL)
- 믹스잡곡 … 1봉투(30g)
- A | 돼지 목심 덩어리살 … 200g
  | 남플라(2cm 크기로 깍둑썰기 한 것) … 1작은술
- 바지락(해감한 것) 작은 것 … 1팩(150g)
- 으깬 마늘 … 1쪽
- 홍고추(잘게 썬 것) … 1개
- 화이트와인 … 1/4컵
- 따뜻한 물 … 3과 1/4컵
- 소금 … 1/3작은술
- 올리브유 … 1큰술
- 고수(대충 썬 것), 후추 … 적당량씩
- 영귤(가로 반으로 자른 것) … 1개

만드는 방법

1. 프라이팬에 올리브유를 두르고 마늘을 넣고 중불에서 볶다가 향이 나면 마늘을 꺼낸다.
2. 이어서 섞은 A를 넣어 중불에서 볶다가 고기 전체가 노릇해지면 바지락, 홍고추, 화이트와인을 넣고 뚜껑을 닫는다. 바지락이 입을 벌리면 꺼낸 후, 쌀, 믹스잡곡을 넣어서 가볍게 볶은 다음, 소금을 넣어 섞는다.
3. 꺼내둔 마늘을 다시 넣고 따뜻한 물 2와 1/4컵을 넣어 한 번만 섞어주고, 뚜껑을 연 채로 중불에서 10분 정도 끓인다. 물기가 없어지면 꺼내둔 바지락과 남은 물을 넣어 한 번만 섞어주고, 중불에서 5~10분 정도 더 끓인다.
4. 소금(분량 외)으로 간을 맞춘다. 그릇에 담고 고수, 후추를 뿌리고 영귤을 짜서 곁들인다.

Tip 마지막 끓일 때 강한 불로 쌀이 프라이팬 바닥에 바삭하게 눌어붙게 해도 맛있어요.

4. 여름 채소와 건토마토 리소토
Summer vegetables & sun-dried tomato

재료 (3~4인분)

- 쌀 … 1컵(180mL)
- A | 단호박(껍질을 군데군데 깎고, 1.5cm 크기로 깍둑썰기 한 것) … 1/8개(150g)
  주키니(1.5cm 크기로 깍둑썰기 한 것) … 1개
  방울토마토(세로 반으로 자른 것) … 8개
- 다진 양파 … 1/4개
- 다진 마늘 … 1쪽
- 건토마토(크게 다진 것) … 2개
  * 딱딱할 경우 따뜻한 물 1/4컵으로 불린다.
- 화이트와인 … 1/4컵
- 따뜻한 물 … 3컵
- 타임(생·또는 오레가노) … 2개
- 소금 … 1/2작은술
- 올리브유 … 1큰술
- 파르메산 치즈(간 것) … 30g

만드는 방법

1. 프라이팬에 올리브유를 두르고 양파, 마늘을 넣고 중불에서 볶다가 양파가 투명해지면 A를 넣고 약불에서 볶는다. A 재료들의 숨이 죽으면 꺼낸다.
2. 프라이팬에 올리브유(분량 외)를 두르고 쌀을 넣어서 가볍게 볶은 다음, 소금을 넣어 섞는다.
3. 화이트와인을 넣어 끓인 다음, 물기가 없어지면 건토마토(불린 물도 함께), 타임 1개, 따뜻한 물 2컵을 넣어 한 번만 섞어주고, 뚜껑을 연 채로 중불에서 10분 정도 끓인다. 다시 물기가 없어지면 꺼내둔 A와 남은 물을 넣어 한 번만 섞어주고, 중불에서 5~10분 정도 더 끓인다.
4. 소금(분량 외)으로 간을 맞춘다. 그릇에 담고 남은 타임을 찢어서 올리고 파르메산 치즈를 듬뿍 뿌린다.

5. 가지와 토마토 피자 리소토
Eggplant & tomato pizza

재료 (3~4인분)

- 쌀 … 1컵(180mL)
- 가지 … 3~4개
  * 1cm 폭으로 어슷썰기 하고, 소금물에 헹군다.
- 토마토 큰 것 … 1개
  * 1cm 폭으로 반달썰기 한다.
- 다진 양파 … 1/4개
- 다진 마늘 … 1쪽
- 살라미 큰 거 … 6장
- 피자용 치즈 … 1컵(80g)
- 화이트와인 … 1/4컵
- 따뜻한 물 … 3컵
- 소금 … 1/3작은술
- 올리브유 … 4큰술
- 후추 … 약간
- 바질 잎(찢은 것) … 2장

만드는 방법

1. 프라이팬에 올리브유를 두르고 달궈준 다음 물기를 제거한 가지를 넣고 중불에 굽는다. 가지의 숨이 죽으면 꺼내고, 이어서 토마토를 넣어 가볍게 굽고 꺼낸다(ⓐ).
2. 프라이팬에 올리브유 약간(분량 외)을 두르고 양파, 마늘을 넣고 중불에서 볶다가 양파가 투명해지면 쌀을 넣어서 가볍게 볶은 다음, 소금을 넣어 섞는다.
3. 화이트와인을 넣어 끓인 다음, 물기가 없어지면 따뜻한 물 2컵을 넣어 한 번만 섞어주고, 뚜껑을 연 채로 중불에서 10분 정도 끓인다. 다시 물기가 없어지면 꺼내둔 가지와 남은 물을 넣어 한 번만 섞어주고, 중불에서 5~10분 정도 더 끓인다.
4. 소금(분량 외)으로 간을 맞춘다. 내열 그릇에 담고 꺼내둔 토마토, 살라미 순으로 올린 다음 치즈와 후추를 뿌린다. 200℃로 예열한 오븐에서 노릇노릇하게 될 때까지 10분간 굽고(ⓑ) 바질을 뿌린다.

Tip 살라미 외에 소시지나 베이컨으로 만들어도 맛있어요.

Point

ⓐ 가지는 굽기 전 물기를 확실히 제거해주고 뒤집으면서 양면을 잘 구워주세요. 토마토는 물기가 사라질 만큼만 가볍게 굽고 꺼냅니다.

ⓑ 내열 그릇에 리소토를 담고 피자용 치즈를 전체에 고루 뿌려주세요. 치즈가 녹아서 노릇하게 되면 오븐에서 꺼냅니다.

6. 파에야 리소토
Paella

재료 (3~4인분)

- 쌀 … 1컵(180mL)
- A | 오징어 작은 것 … 1개(160g)
  껍질 있는 새우(블랙타이거 등) … 6마리(90g)
  바지락(해감한 것) … 6개
  홍합 … 5개
- 다진 셀러리 … 1/2개
- 다진 양파 … 1/4개
- 다진 마늘 … 1쪽
- 방울토마토(세로 4등분으로 자른 것) … 4개
- 사프란 … 1/4작은술
  * 물 1/4컵에 5분간 담가 불린다.
- 화이트와인 … 1/2컵
- 따뜻한 물 … 2와 3/4컵
- 소금 … 1/2작은술
- 올리브유 … 1큰술
- 레몬(얇게 썬 것) … 3장
- 이탈리안 파슬리(대강 썬 것) … 적당량

만드는 방법

1. 오징어는 다리를 잡아당겨 내장과 연골을 제거하고 속을 깨끗이 씻어준다. 몸통은 껍질을 벗기지 않고 1cm 폭으로 자른다(다리는 사용하지 않는다). 새우는 껍질을 까고 등 쪽의 내장을 제거한다.
2. 프라이팬에 올리브유를 두르고 양파, 셀러리, 마늘을 넣고 중불에서 볶다가 양파가 투명해지면 A를 모두 넣고 볶다가 새우의 색이 바뀌면 화이트와인을 넣고 뚜껑을 닫는다. 홍합이 입을 벌리면 A를 전부 꺼낸다(ⓐ).
3. 프라이팬에 올리브유 1큰술(분량 외)을 두르고 쌀을 넣어서 가볍게 볶은 다음, 소금을 넣어 섞는다.
4. 따뜻한 물 2컵을 넣어 한 번만 섞어주고, 뚜껑을 연 채로 중불에서 10분 정도 끓인다. 물기가 없어지면 방울토마토, 사프란(불린 물도 함께), 남은 물을 넣어 한 번만 섞어주고, 꺼내둔 A를 모두 넣고(ⓑ) 중불에서 5~10분 정도 더 끓인다.
5. 소금(분량 외)으로 간을 맞춘다. 그릇에 담고 레몬과 이탈리안 파슬리를 뿌린다.

Point

ⓐ 해산물을 살짝 볶다가 오징어와 새우의 색이 바뀌면 화이트와인을 넣고 뚜껑을 닫은 채로 끓여요. 바지락과 홍합이 입을 모두 벌리면 꺼내줍니다.

ⓑ 따뜻한 물 2컵을 넣고 끓이다가 물기가 없어지면 방울토마토, 사프란, 따뜻한 물 3/4컵, 꺼내둔 해산물 모두를 다시 넣어주세요.

사프란 향신료의 여왕이라 불리는 사프란은 소량으로도 생선 등의 비린내를 없앨 수 있고 요리가 상큼한 노란색으로 물들어요. 반드시 물에 불리고, 불린 물을 함께 사용해주세요. 너무 오래 끓이면 색이 변할 수 있으니 주의하세요.

Side dish

아보카도와

토마토 요거트 샐러드

7. 소고기 밀라노풍 리소토

Milanese

소고기를 보글보글 끓인 농후한 육수와 사프란으로 고급스럽게 완성되는 한 접시.

버터와 치즈로 북이탈리아 스타일로 완성했어요.

아보카도와 토마토가 듬뿍 들어간 샐러드는

라임의 산미에 타바스코의 매운맛으로 깔끔하게 만들었어요.

7. 소고기 밀라노풍 리소토
Milanese

재료 (3~4인분)

- 쌀 … 1컵(180mL)
- 소 정강이살 … 300g
  * 4cm 크기로 깍둑썰기 한다. 스튜나 카레용으로 자른 고기를 사용해도 좋다.
- A | 소금 … 1/2작은술
  후추 … 약간
- B | 으깬 마늘 … 1쪽
  월계수 잎 … 1장
- 다진 양파 … 1/4개
- 다진 셀러리 … 1/3개
- 다진 마늘 … 1쪽
- 사프란 … 1/4작은술
  * 물 1/4컵에 5분간 담가 불린다.
- 파르메산 치즈(간 것) … 30g
- 화이트와인 … 1/4컵
- 월계수 잎 … 1장
- 소금 … 1/3작은술
- 버터 … 20g
- 후추 … 약간

만드는 방법

1. A로 밑간을 한 소고기를 B, 물 4컵과 함께 냄비에 넣고 중불에서 거품을 걷어내면서 끓인다. 어느 정도 거품을 걷어내면 뚜껑을 닫고 약불에서 1시간 정도 삶아서 꺼낸다. 소고기는 한입 크기로 썰고, 삶은 물은 육수로 사용하기 위해 남겨둔다.
2. 프라이팬에 버터 1/2을 녹이고 양파, 셀러리, 마늘을 넣고 중불에서 볶다가 양파가 투명해지면 쌀을 넣어서 가볍게 볶은 다음, 소금을 넣어 섞는다.
3. 화이트와인을 넣어 끓인 다음, 물기가 없어지면 꺼내둔 소고기, 월계수 잎, 소고기 육수 2컵을 넣어 한 번만 섞어주고, 뚜껑을 연 채로 중불에서 10분 정도 끓인다. 다시 물기가 없어지면 사프란(불린 물도 함께), 소고기 육수 3/4컵을 넣어 한 번만 섞어주고, 중불에서 5~10분 정도 더 끓인다.
4. 파르메산 치즈, 남은 버터를 넣어서 섞고, 소금(분량 외)으로 간을 맞춘다. 그릇에 담고 후추를 뿌린다.

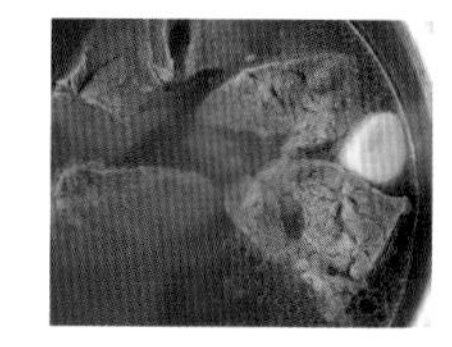

Point

소고기는 4cm 크기로 깍둑썰기하고, 육질이 연해질 때까지 1시간 정도 삶아주세요. 고기를 삶은 물은 육수로 사용합니다.

아보카도와 토마토 요거트 샐러드

Side dish

라임과 타바스코 맛이 느껴지는 멕시코스타일 샐러드.
고수 대신에 바질을 넣어도 좋아요.

재료 (3~4인분)

- 아보카도(크게 한입 크기로 자른 것) … 1개
- 토마토(한입 크기로 자른 것) … 2개
- A | 플레인 요거트, 올리브유 … 1큰술씩
  라임즙(또는 레몬즙) … 1작은술
  소금 … 1/4작은술
  타바스코 … 약간
- 고수(대강 자른 것) … 1묶음

만드는 방법

1. 볼에 A를 넣고 섞은 후, 아보카도, 토마토를 넣고 무친다.
2. 그릇에 담고 고수를 올린다. 라임(분량 외)을 곁들여 놓고 먹을 때 즙을 짠다.

팬 하나로 완성하는 이탈리안 리소토 46
프라이팬 리소토

1판 1쇄 펴냄 2019년 2월 25일

지은이 와카야마 요코
옮긴이 김정명
펴낸이 정현순
디자인 전영진
인 쇄 ㈜한산프린팅

펴낸곳 ㈜북핀
등 록 제2016-000041호(2016. 6. 3)
주 소 서울시 광진구 천호대로 572, 5층 505호
전 화 070-4242-0525 **팩스** 02-6969-9737

ISBN 979-11-87616-56-6 13590
값 13,000원